TINA ULLMANN

OLIVEN-BAUM

GANZ EINFACH

PFLEGEN, SCHNEIDEN,
ÜBERWINTERN

KOSMOS

INHALT

MIT MEINEN BESTEN TIPPS

Meine Faszination für Olivenbäume

Mein Name ist Tina.
Wer mir auf Instagram @tinas_homeandgarden folgt, sieht sofort, welcher Pflanze meine größte Leidenschaft in meinem Topfgarten gehört: dem Olivenbaum.

Über die Jahre habe ich 19 Exemplare angesammelt, von Jung bis Alt, von Klein bis Groß, verschiedene Sorten.
Angefangen hat alles eigentlich durch meinen Mann, der aufgrund unserer vielen Italienreisen und den Olivenbäumen meiner Mutter (sie lebt auf Mallorca und hat dort ungefähr 150 Bäume) vom Fieber gepackt war.
Wir haben damals noch in Ingolstadt Mitte gewohnt und hatten nur einen kleinen Stadtbalkon, aber schon unseren ersten Olivenbaum – ein „dünner“ Geselle, ich denke um die 10 Jahre alt – der Klassiker in jedem Gartencenter. Leider hat der Baum wegen meiner Unerfahrenheit und sicher mangels Interesse nicht lange überlebt. Auch der Nachfolger war nur kurzer Gast bei uns. Mit dem Sterben des zweiten Bäumchens habe ich dann gesagt: nie wieder ein Olivenbaum!
Tja, und dann kam der Tag, an dem es bei uns im Baumarkt Wahnsinns Exemplare zu einem Spottpreis gab – 100 Jahre alt und wunderschön! Kurzer Hand haben wir den Baum ins Auto meiner Freundin geladen und nach Hause gefahren. Als Geschenk für meinen Mann, der sich zwar gefreut, aber mir schon zu verstehen gegeben hat, dass der doch etwas mehr kostet als die beiden bereits „Verstorbenen“!
Von da an hat es bei mir klick gemacht und ich habe mich mit dem Thema Olivenbaum auseinandergesetzt wie mit keiner anderen Pflanze je zuvor oder danach. Seitdem sind jährlich neue Kollegen eingezogen – immer größer und älter. Auf weiteren Reisen „im Zeichen des Olivenbaums“ konnte ich in Italien und Spanien bei ganz kniffligen Fragen immer wieder perfekte Ansprechpartner vor Ort finden, die mir weitergeholfen haben.
Ich habe in all den Jahren gelernt, keine Angst vorm Olivenbaum zu haben! Wenn man ein paar Dinge beachtet, kann man sehr, sehr viele Jahre Freude damit haben – eventuell überleben sie einen sogar, denn sie werden uralt.

MYTHOLOGIE, RELIGION & BRAUCHTUM

JE KNORRIGER, DESTO ÄLTER!

Der Olivenbaum bzw. der Stamm sucht sich immer seinen Weg und das über Jahrzehnte hinweg. Am besten immer der Sonne nach.

Die Geschichte vom Olivenbaum

Um den Olivenbaum besser verstehen und einschätzen zu können, ist es wichtig, etwas über die Geschichte und Mythologie zu wissen. Keine Angst, ich werde nur ein paar wichtige Eckdaten anschneiden.

Beim Olivenbaum handelt es sich um eine der ältesten Kulturpflanzen. Tatsächlich gibt es durch Funde von Kernen und Blättern in Nordafrika Hinweise, dass es den Ölbaum schon fast 9.000 Jahre gibt. Angepflanzt wird er seit mehr als 5.000 Jahren, worauf archäologische Funde in Palästina und Syrien von vor ca. 4.000 v. Chr. hindeuten.
Aber auch schon im Orient, auf den Inseln in der Ägäis und in der Türkei wurden weit vor Christi Geburt Olivenbäume gepflanzt und aus den Oliven das Öl gewonnen.
Im alten und neuen Testament findet der „Ölbaum" Erwähnung, der ca. 500 v. Chr. durch arabische Seefahrer in den mediterranen Raum über Süditalien und Rom auf das spanische Festland sowie die spanischen Inseln wie Mallorca gelangte – hier durfte ich selbst ein 2.000 Jahre altes Exemplar bewundern, das durch die spanische Regierung geschützt wird. Auch kann man nachlesen, dass Kolumbus den Olivenbaum nach Amerika brachte.

OLIVEN BEI DEN RÖMERN

Romulus und Remus sollen unter einem Olivenbaum geboren worden sein, vielleicht verwenden deshalb die Römer seither die Zweige des Baumes in einer typischen Neujahrszeremonie: „Bei Sonnenaufgang der Kalenden im Januar nahmen zwei Kinder Olivenzweige und Salz und betraten die Häuser, um Glück, Gesundheit und alle guten Dinge zu wünschen", so steht es geschrieben.

In manchen Gegenden Griechenlands, beispielsweise auf Lesbos, ersetzt ein mit vergoldeten Nüssen und Orangen geschmückter Ölbaumzweig den Weihnachtsbaum.

Olympia erklärt mir die Geschichte der Bäume auf Mallorca, die von der Regierung einen besonderen Schutz genießen.

SYMBOL DES FRIEDENS

Im Buch Genesis ist der Olivenbaum als Symbol für Heil und Wohlstand gefeiert worden – wer sich an die biblische Episode, in der die Taube mit dem Olivenzweig als Zeichen eines neuen Bundes mit den Menschen und damit des Friedens und der Wiedergeburt zu Noah zurückkehrt, erinnert.

Im neuen Testament wird Jesus herzlich von einer Menschenmenge empfangen, die Palmblätter und Olivenzweige schwenkt. Im Garten der Olivenbäume verbringt er dann die letzten Stunden vor der Passion.

Aber nicht nur im christlichen Glauben, ebenso im Koran kommt der Olivenbaum nicht selten vor.

MYTHOLOGIE

Auch in der Mythologie spielt der Olivenbaum eine große Rolle. In Athen existierte ein Baum, der als erster Olivenbaum der Welt galt. Er war aus dem Speer von Athena selbst hervorgegangen und wurde daher von Wachen beschützt. Athena war die aus dem Schädel ihres Vaters geborene Göttin, Jungfrau, Vermittlerin und Weise, die den Weg zum spirituellen Leben wies. Folglich galt der Olivenbaum als Symbol des ewigen Lebens, des Wohlstands und des Friedens.

Weil der Baum als Geschenk der Götter galt, war der Olivenbaum für die alten Griechen ein heiliger Baum. Wer ihn fällte, wurde mit dem Tode bestraft. Bei der Geburt eines Sohnes wurde ein Olivenzweig an die Türe gehängt und die Sieger bei den Olympischen Spielen mit Kränzen aus Ölbaumzweigen geehrt. Als Siegesprämie bekam man laut Überlieferung Amphoren voll mit Olivenöl.

Es gibt noch so viele Überlieferungen und Geschichten zum Olivenbaum, aber das würde tatsächlich jetzt den Rahmen sprengen.

WELCHE ARTEN UND SORTEN GIBT ES?

So wächst die Olive

Zuerst ist es wichtig zu verstehen, was die Olive für ein Baum ist. Woher kommt er, wie wächst er und welche beliebtesten Sorten es gibt?

Der Olivenbaum hat silbrige immergrüne Blätter, in freier Natur kann er Größen von 10 bis sogar 20 Metern erreichen. Die Wildform der Olive ist kleiner als ihre gezüchteten Vertreter und wächst als Strauch, die unteren Blätter und Zweige wurden jedoch zu Urzeiten schon vom Vieh abgefressen, wodurch er seine typische baumartige Wuchsform bekommt.
Da die Olive eigentlich ein äußerst langsam wachsender Baum ist, findet man heute noch sehr alte Exemplare, wie zum Beispiel ein etwa 1.900 Jahre alter Baum in Italien, oder ein ca. 2.000 Jahre altes Exemplar auf Mallorca.
Das Wachstum kann aber stark beeinflusst werden durch Wassergaben, Düngung und Schnitt – daher ist auch die Annahme, man könne das Alter bestimmen, wenn man ein Maßband um den Stamm legt, absoluter Humbug. Stattdessen nehmen Kenner dafür die Rinde unter die Lupe. Und wirklich ganz genau weiß man es nur, wenn man ihn in der Mitte durchschneidet und die Altersringe zählt.

KUGEL- UND POMPOMFORMEN

Ursprünglich wächst die Olive als Strauch, aber im Handel gibt es sie zudem als Kugelbaum oder – ganz neu und modern – als Pompombaum, was nicht wirklich mein Fall ist. Ich bevorzuge bei der Olive die zweitnatürlichste Form: den Kugelbaum. Da der Olivenbaum immer nach oben wächst und eben sehr langsam, brauchst du für ein großes Exemplar viele Jahre Geduld. Allerdings kannst du das Wachstum etwas unterstützen, indem du durch regelmäßigen Schnitt den Baum zum Neuaustrieb anregst.

1

2

1. Ein ca. 1.500 Jahre alter Baum im Süden Italiens.

2. Als Hochstämmchen bekommt man die Oliven häufig im Handel.

WICHTIGE BLÄTTER-FACTS

Ein wichtiger Aspekt zum Verständnis der Olive ist auch, dass der immergrüne Baum nie alle Blätter verliert, zu keiner Jahreszeit. Daraus folgt, dass das ganze Jahr über Fotosynthese stattfindet und der Baum daher viel Licht und Luft benötigt.

Was passiert also, wenn man den Baum dunkel in der Garage oder im Keller überwintert? Er verliert seine Blätter! Gibt man dem Baum jedoch genügend Licht und Luft, auch im Winter, blüht er abhängig von Standort und Temperatur ab Ende April bis Anfang/Mitte Juni.

Hier kann man sehr gut die Blütenstände mit den Stempeln erkennen.

DIE BLÜTEN SIND SELBSTBEFRUCHTEND

Die Blüten des Olivenbaums sind zwittrig und bestäuben sich daher selbst, so dass du für die Fruchtbildung keinen zweiten „Kollegen" brauchst – allerdings ist der Ertrag auf alle Fälle höher, wenn man mehrere Bäume hat.
Leider kann es hier bei uns immer wieder passieren, dass die Bäume Stress bekommen – entweder durch Witterung oder um/eintopfen. Dadurch verringert sich automatisch die Blütenzahl im Frühling und die Blüten bringen keine Früchte hervor. Ab einem Alter von etwa Mitte 20 ist die Olive am ertragreichsten. Blüten werden erst gebildet, wenn der Baum vier bis sechs Jahr alt ist, mit Früchten kannst du ab dem siebten Standjahr rechnen.

Alternanz: wenn der Baum eine Blütenpause macht

Oft bekomme ich auf meinem Instagramkanal Nachrichten, dass aktuell keine Blüten vorhanden wären und im Jahr zuvor so viele – was hat meine Olive? Nichts! Wie bei anderen fruchtenden Bäumen auch, gibt es bei den Olivenbäumen die sogenannte Alternanz. Der Olivenbaum trägt also nicht in jedem Jahr, sondern setzt auch mal aus – meistens im Rhythmus von zwei Jahren.

FRÜCHTE

Oft erzählen mir Follower, dass sie die Oliven direkt vom Baum probiert haben und sie „schrecklich" bitter schmecken. Das stimmt, denn Oliven sind roh ungenießbar! Legst du die Früchte aber über einen Zeitraum von etwa sechs bis acht Wochen in Salzlake ein, werden die Bitterstoffe ausgeschwemmt und man kann sie essen, siehe Seite 86.
Übrigens: 90 % der Olivenernte wird zu Öl verarbeitet. Im Handel gibt es oft grün geerntete Oliven, die durch Eisengluconat (Salze) schwarz „gefärbt" wurden, achte daher auf den Hinweis „geschwärzt" oder schaue unter den Zusatzstoffen nach.

WELCHE SORTEN GIBT ES?

Bei uns in Deutschland wird hauptsächlich der Echte Ölbaum verkauft, mit der botanischen Bezeichnung *Olea europaea.* Aus deren Unterart wurden alle erhältlichen Sorten gezüchtet.
Für einen Laien ist jedoch kaum zu erkennen, um welche Olivenbaumsorte es sich handelt, da sich Blätter und Bäume kaum unterscheiden. Lediglich anhand der Früchte lässt sich die Sorte eindeutig zuordnen. Bei diesen gibt es viele Unterschiede, abhängig von Region und Land. Die einen sind nicht unbedingt für Olivenöl geeignet, die anderen fallen

nicht selbst vom Baum und müssen von Hand geerntet werden. Manche Sorten sind besser winterhart, die anderen weniger, aber ab –5 °C sollte man den Olivenbaum hierzulande schützen – da sind sich alle einig. Auf den folgenden Seiten zeige ich die Sorten, die bei uns am gängigsten sind und die es hier zu kaufen gibt. Letztendlich kann der Laie nie den Unterschied sehen, und das Hauptkriterium für die Pflege ist die gute Winter-/Frosthärte. Daher gilt: nehmt was euch gefällt und schaut auf die Kälteresistenz! Mit den Jahren lernen sich die Bäume tatsächlich hier anzupassen – das sehe ich ganz speziell auch an meinen, die mittlerweile größtenteils komplett ohne Winterschutz auskommen.

Oft spreche ich von kultivierten und unkultivierten Bäumen. Kultivierte Bäume haben eine bestimmte Schnittform, damit sie eine bessere Ernte erbringen.

1

2

1. Die grünen Oliven sind noch nicht reif.
2. Ein hoher Ertrag im Winter bei der Olive aus Spanien in meinem Garten.

SPANISCHE SORTEN

PICUAL

— *Der Baum ist sehr gut für Anfänger geeignet.*

VERBREITUNG Sie ist wohl eine der bekanntesten und weit verbreitesten Sorten in Spanien. Hauptsächlich wird sie in Andalusien angebaut, auf den Balearen trifft man aber ebenso auf sie.

FRUCHT Die Picual-Olive verdankt ihren Namen ihrer Form, weil sie eine kleine „Nase“ am unteren Ende hat (siehe Bild). Liebevoll wird sie als „Königin“ der Oliven von den Spaniern bezeichnet, immerhin macht sie etwa die Hälfte der gesamten Olivenernte Spaniens aus.

GESCHMACK Diese Olive ist bekannt für ihre bittere Note, der Abgang des Öls ist daher pikant. Man kann sehr gut verschiedene Aromen schmecken wie Gras, Tomate und Feige. Der Säuregehalt (ungesättigt) im Öl ist sehr hoch, gleichzeitig ist der Anteil an mehrfach ungesättigten Fettsäuren etwas niedriger. Das Öl ist im Vergleich zu anderen stabiler, daher wird die Olive von den Bauern gerne angebaut.

ERNTE Sie wird meistens schwarz, also reif, geerntet und danach als Öl verarbeitet. Aus der Gegend von Sevilla kommen die besten Tafeloliven. Sie gilt neben 'Manzanilla' als eine der wichtigsten und ertragreichsten Olivensorten.

KULTIVIERUNG IM GARTEN Die Sorte ist selbstfruchtend. Sie passt sich einem weiten Spektrum von Böden und Klimata an. Sie kommt sehr gut mit nassen und auch kalten Böden klar. Mit einer Winterhärte von bis zu -15 °C zählt sie zu den besonders winterharten Vertretern. Allerdings sollte darauf geachtet werden, dass je jünger der Baum ist, er mehr Schutz benötigt als ein älterer Baum.

ARBEQUINA

— *Ist relativ unempfindlich im Anbau.*

VERBREITUNG Die Sorte ist typisch für die spanische Provinz Tarragona, ebenso trifft man sie aber auf den Balearen an. Auch der älteste Olivenbaum, den ich besuchen durfte, ist ein 'Arbequina'. Durch seine Unempfindlichkeit ist der Anbau der Arbequina-Olive sehr stark gestiegen.

FRUCHT Die 'Arbequina' ist die kleinste Sorte aller spanischen Oliven. Sie hat ungefähr die Größe einer Haselnuss.

GESCHMACK Das Öl ist eher süß und hat keinen bitteren Nachgeschmack wie das der Sorte 'Picual'. Ist es im Abgang pikant, das deutet auf die Frische des Öls hin.

KULTIVIERUNG IM GARTEN Es ist ein eher kleinerer Baum mit langen, wenig verzweigten Trieben, die Silhouette erinnert an einen Besen. Auch dieser Olivenbaum kommt gut mit Temperaturen um die -15 °C zurecht, er sollte dennoch vor zu viel Nässe und starkem Wind im Winter gut geschützt werden.

HOJIBLANCA

— *Mit Winterschutz eine der frostfestesten Sorten.*

VERBREITUNG Eine Sorte, die hauptsächlich in Andalusien verbreitet ist. Sie ist die Drittwichtigste in ganz Spanien.

FRUCHT Die reife Frucht ist süßer als bei anderen Sorten, mit mandelartigen bitteren Nuancen.

GESCHMACK Das Olivenöl schmeckt angenehm mild, aber dennoch leicht bitter, nach grünen Oliven, Artischocken, frischen Kräutern und frisch geschnittenem Gras.

ERNTE Die Sorte wird hauptsächlich von Hand geerntet, da die Früchte nicht vom Baum fallen.

KULTIVIERUNG IM GARTEN Die Bäume zählen zwar zu den eher langsam wachsenden, dafür aber mit zu den robustesten und kommen mit nahezu jedem Boden klar, außer lehmigem. Sie werden bei uns häufig als Busch verkauft.
Die Frostverträglichkeit liegt um die -20 °C, natürlich mit Winterschutz! Seine Blütezeit ist von Mitte/Ende Juni bis oft in den August hinein und somit recht spät.

ITALIENISCHE SORTEN

MORAIOLO

— *Schwierige Standorte machen ihr nichts aus.*

VERBREITUNG Die Olivensorte kommt aus Umbrien und ist in der Region die am häufigsten angebaute.

FRUCHT Die Moraiolo-Olive ist eher klein, dafür aber sehr stark und widerstandsfähig.

GESCHMACK Die Oliven schmecken fruchtig, scharf und durch den extrem hohen Polyphenolgehalt deutlich bitterer als andere Sorten. Das Öl hat einen würzigen, scharfen Geschmack mit Noten von Artischocke, Disteln und Mandeln.

KULTIVIERUNG IM GARTEN Die Bäume sind äußerst zäh und kommen sehr gut mit Trockenheit und Wind klar. Moraiolo-Oliven gehören zu den schnittverträglichsten Sorten und werden daher gerne für Formschnitte verwendet. Diese Olivenbäume zählen zu den winterhärtesten Sorten und sind im ausgepflanzten oder gut geschützten Kübel bis zu –20 °C winterhart. Der Kübel sollte immer gut vor Frost geschützt sein, denn frostet die Erde durch, können die Bäume kein Wasser mehr aufnehmen und verdursten.

LECCINO

— *Sie kann bei uns bedenkenlos ausgepflanzt werden.*

VERBREITUNG Sie ist in Italien die weit verbreiteste Sorte, sozusagen die Hauptsorte. Ihr Name stammt von der süditalienischen Stadt Lecce in Apulien, wo man ihren Ursprung vermutet.

FRUCHT Die Sorte ist teilweise selbstbefruchtend und bringt auch ohne weitere Kollegen einen guten Ertrag zustande. Aber auch hier gilt, dass der Ertrag höher ist, wenn Bestäuberbäume in der Nähe sind. Der Baum trägt sehr viele kleine bis mittelgroße Früchte, die ab Ende Oktober reif sind und einen hohen Ölgehalt aufweisen.

GESCHMACK Die Früchte schmecken mild-süßlich. Das Öl hat ein elegantes, leicht fruchtiges Aroma mit mittlerer Schärfe und ausgewogener Bitternote.

KULTIVIERUNG IM GARTEN Leccino-Oliven sind kältetolerant und vertragen Temperaturen bis –20 °C. Aber auch hier gilt, dass Pflanzen im Kübel geschützt werden müssen.

PENDOLINO

— *Hat einen hohen Zierwert.*

VERBREITUNG Eine bekannte italienische Sorte, die vor allem in der Toskana beliebt ist. Den Namen trägt 'Pendolino' aufgrund ihres hängenden Wuchses.

FRÜCHTE Dieser Olivenbaum bringt deutlich kleinere Früchte hervor, wie seine Kollegen, aber dafür sehr viele mit hoher Ölausbeute. Die Früchte sind leicht länglich und asymmetrisch. Die Oliven reifen bereits ab September, es ist also eine frühe Sorte. Allerdings benötigt 'Pendolino' für die Bestäubung einen anderen Olivenbaum als Pollengeber. Ein passender Kollege ist 'Leccino' – im heimischen Garten auch eine tolle Paarung. Zudem fungiert er selbst für andere Olivenbäume als Pollenspender, in einigen Regionen Italiens wird er nur deshalb angepflanzt.

GESCHMACK Das harmonische Öl zeichnet sich durch seine fruchtige Würze aus, mit leicht bitterer und pikanter Note. Es eignet sich für Creme- und Gartensuppen, Zucchini, Wild oder Steak.

KULTIVIERUNG IM GARTEN 'Pendolino' hat gegenüber anderen Olivenbäumen eine frühe Blüte mit langanhaltender Blütezeit. Wenn man keine Früchte haben möchte, ist er ein wirklich toller Solitärbaum mit hohem Zierwert. Der noch dazu eine außerordentlich gute Frosthärte bis –20 °C aufweist, aber hier gilt es wieder, den Kübel zu schützen. Ebenso ist der Baum sehr anpassungsfähig, was seine Ansprüche an den Boden betrifft. Allerdings ist die Sorte recht empfindlich gegen Krankheiten.

FRANTOIO

— *Sie gehört zu den robustesten Sorten und kann sehr alt werden.*

VERBREITUNG Diese Olivenbaumsorte stammt aus der Toskana und zählt zu den Hauptsorten in Italien.

FRÜCHTE Frantoio-Bäume sind selbstbefruchtend. Die Früchte sind mittelgroß, eiförmig und im Reifezustand purpurschwarz. Wie alle anderen Olivenbäume blüht auch er von Mai bis Juni und trägt danach relativ schnell kleine Oliven.

GESCHMACK Die reifen Früchte schmecken sehr fruchtig und ausgesprochen aromatisch. Noch grüne oder violett-gesprenkelte Früchte können eingelegt werden. Das Öl ist fruchtig und hat einen stärkeren Nachgeschmack als Leccino-Olivenöle. Es hat Aromen von Kräutern, Artischocken und grünen Mandeln. Im Gaumen wirkt es cremig-sanft und süß, im Abgang leicht würzig. Es eignet sich für Kartoffeln, Nudeln, Salate, Fisch.

KULTIVIERUNG IM GARTEN Die Bäume wachsen nicht allzu groß, eher ausladend mit überhängenden Ästen, fast pyramidenförmig. Sie passen sich gut an Gebiete mit kaltem Klima an und vertragen Fröste bis –15 °C. Auch hier wieder den Kübel schützen! Je sonniger der Baum steht, um so ertragreicher ist er und glänzt mit Resistenzen gegen Trockenheit und Krankheiten. Der Baum braucht einen tiefgründigen, gut durchlässigen Boden, denn Staunässe mag er gar nicht. Markant sind seine dunkelgrünen, ledrig wirkenden Blätter mit heller Unterseite. Er eignet sich auch wunderbar als Solitärbaum im Garten.

Die Olive ist eher ein Busch und wurde hier für eine bessere Ernte geschnitten, dass sie in die Breite wächst.

DEIN ERSTER OLIVENBAUM

EIN NEUER BAUM „FLIEGT“ EIN!

Ab einer gewissen Größe ist es kaum mehr möglich, mit bloßer Menschenkraft den Baum zu transportieren, geschweige denn in einen Kübel zu heben. Da lobe ich mir die helfenden Greifarme.

Worauf sollte ich beim Kauf achten?

Wenn du dich entschlossen hast, einen Olivenbaum bei dir einziehen zu lassen, solltest du einige Dinge beachten oder dir im Vorfeld ein paar Fragen stellen, bevor du den letzten Schritt des Kaufens wagst.

1. WELCHEN STANDORT KANN ICH MEINEM OLIVENBAUM BIETEN?

a) Osten, Süden oder eventuell auch noch Süd-West
b) Windgeschützt

2. WO KAUFE ICH AM BESTEN?

Wenn du einen Verkäufer deines Vertrauens hast, ist das sehr gut. Vielleicht hat er auch Olivenbäume in seinem Sortiment! Ich empfehle immer, sich vorab telefonisch oder vor Ort mit dem Händler kurzzuschließen. Es gibt so viele verschiedene Wuchsformen mittlerweile, von Bonsai bis Pompon, oder für mich immer noch am schönsten: ganz normal! Ein guter Händler kann dir vorab ein Foto senden, so weißt du, was du bekommst.

Vertrau etwas auf dich und lass den Baum auf dich wirken. Es ist doch eine teurere Anschaffung, als beispielsweise eine Tüte Gummibären.

Bäume mit Grünspan bitte nicht kaufen.

1

2

1. Der passende Topf, nicht zu groß, ist sehr wichtig. Egal, welches Material.

2. Der „kleine" Olivenbaum, ca. 15 Jahre, wartet noch auf den richtigen Topf und Standort.

VOR ORT KAUFEN

Hast du die Möglichkeit, deinen Olivenbaum vor Ort zu kaufen, solltest du Folgendes beachten:

– Ganz wichtig: Auch hier zählt der erste Eindruck! Wie wirkt der Baum im ersten Moment auf dich? Sieht er gesund und kräftig aus oder hat er wenig Blätter und ist eher eine kümmerliche Erscheinung?

– Mein erster Check ist immer der Stamm: Weist er Verletzungen auf? Hat er Pilzbefall oder sehr viel Grünspan? Ist die Rinde abgerissen (eventuell ein Transportschaden)?

– Schau dir die Krone an: Ist sie füllig und grün, oder hat sie viele gelbe oder braune Blätter? Vielleicht hat der Baum ja schon Blüten oder gar Oliven dran, dann ist das schon mal ein gutes Zeichen. Achtet ebenso auf etwaige Schädlinge wie Wollläuse oder Spinnmilben – mir wurde schon von einer Followerin berichtet, dass sie spanische Zikaden im Baum hatte. Kurz und gut, er sollte ein gutes und gesundes Außenbild abgeben.

Transport

Wenn du deinen Baum selbst abholst, achte darauf, dass du ihn einigermaßen geschützt transportierst, damit er nicht umfallen kann und Zweige abbrechen. Bekommst du ihn geliefert, solltest du ihn unbedingt sofort auf Transportschäden kontrollieren.

Wenn du diese Dinge beachtest, kann schon nicht mehr so viel schiefgehen und der Baum ist bereit zum nächsten Schritt in deinen Garten oder auf den Balkon.

WAS DARF EIN OLIVENBAUM KOSTEN?

Teuer ist nicht immer gleich gut, aber natürlich solltest du auf die Qualität achten. Man muss im Hinterkopf behalten, dass die Bäume lange Wege hinter sich haben – Spanien, Italien oder Griechenland. Der Transport ist nicht billig, das muss mit eingerechnet werden, ebenso die Pflege im Gartencenter vor Ort.
Ich habe schon Preise gesehen für ein und dieselbe Größe und Alter, da habe ich mit den Ohren geschlackert, absolut nicht gerechtfertigt. Dann wiederum Preise beim Discounter, wo ich ebenfalls geschluckt habe, weil sie so günstig waren – die Bäume müssen deshalb nicht schlechter sein, ich hab auch ein Hochstämmchen vom Discounter und bin sehr zufrieden.

Geht am besten zur Baumschule eures Vertrauens, es gibt auch Spezialisten für mediterrane Pflanzen im Internet oder in eurer Gegend und kauft sie dort. Oder nach Empfehlung, das ist meistens das Beste.

Preise

– Ein Mini-Olivenbaum darf um die 15 bis 20 € kosten.
– Ein mittleres Hochstämmchen kostet etwa 20 bis 40 €, ein größerer aktuell um die 120 bis 150 €.
– Die ganz Großen sind im Bereich um die 500 bis 600 € fair!
– Mein ganz großer und alter Baum hat 550 € gekostet! Eine Nummer kleiner hat vor knapp vier Jahren 199 € gekostet – heute wahrscheinlich 399 €! Mit Nachfrage und Interesse steigt selbstverständlich auch der Preis der Bäume stark an!

Noch eine kleine Geschichte dazu

Als vor Jahren der Trend mit den Bäumen langsam zu uns kam, hat ein hiesiger Baumarkt unzählige Olivenbäume zum Kauf angeboten, in allen Größen und Klassen, sowas gab's noch nie! Man konnte dann die ansässigen Gärtner beobachten, wie sie anhängerweise die Bäume aufluden, um sie später wieder um das Zehnfache zu verkaufen. Das nennt man freie Marktwirtschaft und so entstehen Preise.

4

3

3. Ein Baum, dessen Stamm schon beim Händler stark beschädigt ist.

4. Vertrocknete Blätter sind kein gutes Anzeichen.

Standort: Wo stehen Oliven am liebsten?

Schon mit dem Kauf deines Olivenbaumes solltest du dir Gedanken zum richtigen Standort für dein neues Schätzchen machen – ich brauche dafür oftmals Tage oder Wochen, bis ich mir sicher bin, ob da noch ein Baum stehen kann oder nicht. Also lass dir lieber etwas mehr Zeit bei der Wahl des Standorts.

1

SÜDLÄNDER BRAUCHEN SONNE

Der Olivenbaum kommt aus südlichen und heißen Ländern, demnach bevorzugt er natürlich auch eher sehr sonnige Standorte, am besten südlich ausgerichtet.
Da es bei uns sehr viel regnen kann, ist es ratsam, ihm in südlicher Lage einen geschützten Bereich zu bieten. Der Platz kann überdacht sein, das Dach ist aber kein Muss.
Ich habe auch schon die Frage gestellt bekommen, ob man den Olivenbaum vor den nördlichen, schattigen Hauseingang stellen kann. Klares Nein! Denn da hat man nicht lange Freude mit dem Baum – er braucht Licht! Maximal halbschattig kann er stehen, aber Schatten kann ich absolut nicht empfehlen.

AKKLIMATISATION: BEOBACHTE DEINEN BAUM EINE WEILE

Wenn du deinen Baum an den vorgesehenen Platz gestellt hast, dann gib ihm etwa vier Wochen Zeit zum Akklimatisieren. Beobachte ihn, wie er sich verhält. Treibt er vielleicht schon aus, also setzt er neue Triebe an? Dann fühlt er sich an seinem Platz wohl. Oder verliert er viele Blätter? Ein Hinweis, dass es sich nicht gerade um seinen Lieblingsstandort handelt. Es kann allerdings selbst nach ein bis zwei Jahren noch passieren, dass der Baum auf einmal seinen Standort nicht mehr mag. Vielleicht hat sich ja das „Drumherum“ geändert. In einem Olivenhain bleibt über Jahre hinweg meist alles gleich, aber in einem Garten oder auf einer Terrasse

2

3

kann sich schon mal was ändern. So ist es mir selbst ergangen. Mein Baum stand zwei Jahre in südlicher Ausrichtung neben unserem Ahorn. Die ersten beiden Jahre war er wirklich super, aber dann habe ich gemerkt „hoppla, da stimmt doch was nicht"! Er hat kaum noch neue Triebe bekommen und wurde immer lichter. Schnell war mir klar, da alle anderen Kriterien erfüllt waren, es muss der Standort sein und hier im speziellen der Ahorn. Denn auch der Ahorn ist mit den Jahren gewachsen und in diesem besagten Jahr so viel, dass er der Olive richtig auf den Leib gerückt ist – und das hat sie sich anmerken lassen. Hinzu kam noch, dass wir im zweiten Jahr sehr viel kalten Ostwind hatten, was der Olivenbaum längere Zeit ebenfalls nicht mag.

IN WELCHEM BODEN FÜHLEN SICH OLIVEN WOHL?

Der ideale Boden für Olivenbäume ist gut durchlässig und leicht basisch. Ist der Boden zu sauer, färben sich die Blätter gelb und die Blattadern hellen auf. Du kannst den Säuregrad des Bodens, also den pH-Wert, mit einem einfachen pH-Wert-Test aus dem Gartencenter schnell selbst bestimmen. Liegt der Wert zwischen 7 und 8, ist er ideal. Mehr zu Boden und Erden auf Seite 36.

1. Endlich hat der Olivenbaum bei mir den richtigen Standort und atmet förmlich auf.

2. + 3. Standort 1 nach dem Kauf. Nach zwei Jahren wurde der Ahorn aber so groß und hat ihm die „Luft und das Licht" genommen, wie man auf Bild 3 erkennen kann.

WUSSTEST DU …?

WER SUMMT DENN DA: **BIENEN**

Im Frühling öffnen Olivenbäume ihre unzähligen weißen Blüten. Die Bienen stehen drauf und fliegen sie zahlreich an. Denn unter den Olivenbäumen gibt es zwar Sorten, die selbstfruchtbar und durch Wind bestäubt werden, aber auch solche, deren Fremdbestäubung durch Bienen und andere Insekten erfolgt.

EIN SYMBOL FÜR **GLÜCK**

Der Olivenbaum steht für Wohlstand, Glück, Unsterblichkeit und Friede. Im gesamten Mittelmeergebiet ist er daher, neben dem Feigenbaum, eine der bedeutendsten Kulturpflanzen.

EIN BAUM MIT 1.000 SORTEN

Alleine im Mittelmeerraum gibt es weit über 1.000 verschiedene Sorten von Olivenbäumen. Siehe Seite 6 ff.

Olivenbäume sind wunderschön. Und total spannend! Hier meine TOP 6, was es besonders über sie zu wissen lohnt.

WURZELN: **FLACH UND STARK**

Olivenbäume sind Flachwurzler und daher super als Topfpflanze geeignet. Die meisten Wurzeln gehen nicht tiefer als einen Meter in die Erde. Außerdem sind die Wurzeln so stark, dass sie selbst dann nachwachsen können, wenn sie komplett zerstört wirken.

EIN ÖL FÜR KÖNIGE

Früher wurde Olivenöl zur Salbung von Priestern, Königen und Propheten verwendet.

SCHUTZORTE: **VÖGEL & CO.**

Olivenbäume sind nicht nur sehr schön, sondern auch sehr beliebt bei unseren heimischen Tieren. Amseln, Meisen und ebenso Eichhörnchen suchen Schutz in ihrem Geäst und bauen Nester.

Alles zum Einpflanzen & Umtopfen

Du hast einen tollen Olivenbaum erstanden. Zuhause kannst du nun alles tun, damit er sich bei dir wohlfühlt. Angefangen mit dem Einpflanzen in seinen endgültigen Topf oder in den Garten.

ZWEI MÖGLICHKEITEN ZUM EINPFLANZEN

Was ist nun wichtig oder sollte beachtet werden bei der Pflanzung, dass der Baum sich bei euch wohlfühlt und schön wächst? Ich unterscheide generell zwei Varianten:

– Variante A ist am häufigsten bei uns in Deutschland zu finden: Olivenbaum als Kübelpflanze

– Variante B ist eher weniger verbreitet, aber Tendenz steigend: Olivenbaum ausgepflanzt im Garten

VARIANTE A: OLIVENBAUM ALS KÜBELPFLANZE

Das benötigst du, damit dein neuer Freund sich bei dir im Topf wohlfühlt:

– Topf mit Abflusslöchern (ggf. Über- und Untertopf)

– mediterrane Pflanzerde, alternativ hochwertige Blumenerde

– Sand, falls man keine mediterrane Erde zur Hand hat, und oder Granulat/Steine

– nach Bedarf und Belieben ein Pflanzvlies, aber kein Muss

Gefäße: erlaubt ist, was gefällt

Grundsätzlich kannst du jedes Gefäß verwenden, Hauptsache die Größe stimmt. Oft habe ich schon gehört, dass man eine Olive nicht in einen Kunststofftopf setzen soll, weil sie dort nicht atmen kann – meine Oliven sitzen alle in Kunststoff und atmen hervorragend, seit vielen Jahren. Ton oder Terracotta empfinde ich persönlich als relativ schwer, um die Töpfe von A nach B zu bewegen. Außerdem besteht die Gefahr, dass sie brechen. Aber auch hier gilt: Wenn sie dir gefallen und du kein Problem beim Versetzen hast, kannst du gerne Ton oder Terracotta verwenden. Damit diese Töpfe im Winter jedoch nicht auffrieren, musst du sie vor Kälte stärker schützen als Kunststoffkübel.

Die richtige Topfgröße

Egal, ob du nun einen Kunststoffkübel, einen Tontopf, Drypot oder Sonstiges verwendest: Ein neues Pflanzzuhause für deinen Olivenbaum ist das A und O.
Bei der Topfgröße passieren die ersten und häufigsten Fehler: Der Topf wird oft zu groß gewählt! Diesen Fehler hätte ich ganz zu Anfang beinahe

2

1. Die richtige Topfgröße ist ein entscheidender Faktor.

2. Man sieht hier sehr gut, dass der Topf zu klein für den Baum geworden ist und er sich an seinem Standort unwohl fühlt.

1

selbst begangen, wurde aber glücklicherweise von einer wirklich sehr gut informierten Mitarbeiterin eines Gartencenters aufgeklärt, dass man unbedingt auf die Größe achten muss.

Der nächst größere Topf, den du wählst, darf auf keinen Fall größer als 4 bis 6 cm im Durchmesser sein. Nach unten sollte der Ballen noch 10 bis 20 cm Platz haben.

Warum ist das so? Da der Olivenbaum, wie schon erwähnt, nicht sehr schnell wächst, muss er folglich nicht oft umgetopft werden und auch nicht in einen zu großen Topf. Wählt man einen viel größeren Topf im Vergleich zum Vorgänger, kann es passieren, dass dein Baum seine Blätter verliert.

Warum das? Die Olive beginnt in einem zu großen Topf ihre ganze Kraft und Energie in die Verwurzelung zu legen, so dass die Kraft für die Blätter fehlt, und wirft sie folglich alle ab. Aber mal ehrlich, wer will einen „nackten" Baum, nur weil der Kübel super ist. Die Olive liebt es eng und kuschelig, daher bitte darauf achten, vor allem bei noch jungen Bäumen.

Wenn man beim Ein- bzw. Umtopfen mediterrane Pflanzerde verwendet, fühlt der Baum sich gleich wohler.

Mediterrane Pflanzerde ist bereits vorgedüngt und du spart dir das Düngen für die nächsten zwei Monate.

Wasserablauf im Topf

Ebenfalls sehr, sehr wichtig ist es, dass im Gefäß das Wasser ablaufen kann. Es müssen also ausreichend große Ablauflöcher im Topfboden vorhanden sein. Der Olivenbaum kommt aus trockenen Regionen und mag zu viel Wasser überhaupt nicht und vor allem keine Staunässe. Ich höre immer wieder, dass die Leute zwar eine Drainage im Topf haben, aber keine Löcher. Das ist wirklich nicht in unseren Breiten und bei diesen Regenmengen zu empfehlen, denn deine Olivenbäume werden schlicht und ergreifend „ertrinken"!

Welche Erde ist geeignet?

Habt ihr nun die richtige Topfgröße gewählt und genügend Löcher gebohrt (oder auch schon vorhanden), geht es an die Erde.
Damit die ganze Erde beim Gießen nicht wieder ausschwemmt, empfehle ich bei Topfpflanzen generell immer ein gutes Garten- oder Unkrautvlies über die Löcher zu legen, dann hast du nicht die ganze braune Soße auf der Terrasse. Auf das Vlies legst du eine Schicht Granulat, Kiesel oder Blähton.
Der Olivenbaum liebt durchlässigen Boden, daher bietet es sich an, die mediterrane Pflanz-

erde mit Sand oder Granulat zu vermengen. Du kannst aber auch einfach Blumenerde mit Sand vermischen. Das empfehle ich übrigens ebenso bei Pflanzvariante B, wenn der Baum im Garten eingepflanzt wird.

Vor dem Einsetzen in den Topf

Bevor du deinen Baum in den Kübel setzt, solltest du den Wurzelballen gründlich nach Schädlingen wie Engerlingen oder Ameisen absuchen. Den kompakten Wurzelballen musst du vor dem Einpflanzen unbedingt mit einer kleinen Harke, einem Messer oder einer Schere aufschneiden. So ist der Ballen gut gelockert und die Wurzeln streben in die frische Erde hinein. Du kannst die Wurzeln auch ein klein wenig einkürzen, denn durch den Schnitt wird der Baum angeregt, neue Feinwurzeln zu bilden, was der Verankerung hilft. Die Olive oder auch andere Pflanzen gedeihen so perfekt.
Jetzt noch seitlich alles mit Erde auffüllen und fest andrücken. Zum Schluss gut eingießen.

WANN PFLANZE ODER TOPFE ICH AM BESTEN UM?

Olivenbäume, die du hier bei uns bekommst, sind schon in Kübeln. Man spricht von sogenannter Containerware. Diese kann eigentlich das ganze Jahr getopft oder, bei frostfreiem Boden, auch gepflanzt werden. Bei Olivenbäumen ist das aber etwas anders! Warum? Hier bin ich immer ein Freund vom Frühling – nicht zu früh, am besten so im April bis spätestens Mitte Juli. Dann haben die Bäume bis zum Herbst und Winter genügend Zeit, sich gut zu verwurzeln (du weißt, die Olive wächst sehr langsam), um gefestigt in den Winter zu gehen. Pflanzst du den Baum erst im Herbst, kämpft er noch mit dem Verwurzeln und hat weniger Kraft gegen die Kälte.
Bekommst du deinen Baum aber erst Ende August oder September, ist meine Empfehlung folgende: Lass ihn in dem Topf, in dem er steht, schütze ihn im Winter vor Frost und Regen und pflanz ihn dann im Frühjahr aus – er wird es dir danken!

1

1. Pflanz-/Unkrautvlies verhindert unschönes „Auslaufen" der Erde.

2

2. Erde mit etwas Sand oder Granulat vermengen.

3

3. Wurzelballen zum besseren Anwurzeln auflockern.

1

2

3

1. Mit Sand im Erdloch fühlt die Olive sich „heimischer".
2. Das Pflanzloch im Garten auch eher eng halten.
3. Der Baum fühlt sich wohl in seiner mediterranen Umgebung.

VARIANTE B: IN DEN GARTEN SETZEN

Wenn du dich entschieden hast, den Olivenbaum in deinen Garten zu pflanzen, verhält es sich ähnlich wie mit dem Topf. Auch hier würde ich das Frühjahr bevorzugen, damit er bis zum Herbst/Winter fest angewurzelt ist.

Optimaler Boden

Hier würde ich tatsächlich vorab eine Bodenprobe nehmen, wenn du nicht von Nachbarn etc. weißt, wie die Beschaffenheit der Erde in eurem Wohngebiet ist. Also ist der Boden eher lehmig/steinig, durchlässig oder verdichtet. Wichtig ist auch der pH-Wert, unter 7 kann schnell ein Calciummangel entstehen, die Folge sind gelbe Blätter und helle Blattadern. Bodentests gibt's im Gartencenter zu kaufen, die Auswertung bekommst du dann direkt aus dem Labor. Im Topf verwendet man ja eh mediterrane Erde aus dem Beutel.

Den Standort vorab testen

Wer die Geduld hat, kann seinen Olivenbaum erstmal im Topf an den gewünschten Platz

zum Einpflanzen stellen, denn es kann immer wieder passieren, dass der Baum den Standort nicht mag. Ich empfehle den Baum „solitär“ zu setzen, dann kommt er gar nicht mit einem anderen in die Quere oder kriegt womöglich zu viel Schatten ab. Steht der Baum einige Wochen an dem Platz, dann siehst du schon, ob es ihm da gefällt oder nicht, und kannst ihn schließlich dort einpflanzen. Sagt ihm der Standort nicht zu und du hast ihn sofort nach dem Kauf eingepflanzt, ist es schwieriger, ihn später nochmal umzupflanzen.

Achte einfach darauf, dass er genügend Sonne und wenig Wind hat, dann klappt das schon!

Das Pflanzloch

Wenn du das Loch ausgehoben hast – auch hier bitte nicht zu groß, rundherum ca. 10 bis 20 cm Luft – empfehle ich, etwas Granulat oder Steinchen reinzugeben und die Auffüllerde damit zu vermengen. Wenn der Baum sitzt, die Erde gut andrücken bzw. festdrücken und danach wässern. Wer will, kann zum Anfang nochmal düngen (siehe Seite 48), so als Booster, ist aber kein Muss!

PFLANZBEGLEITER

Hier empfehle ich immer, dass man etwas auf die Befindlichkeiten der beiden Pflanzen eingeht und vor allem, dass beide dieselben Ansprüche haben. Es bringt ja nichts, eine Hortensie in den Topf der Olive zu pflanzen, da beide komplett unterschiedliche Ansprüche an Wasser und Standort haben. Die eine liebt viel Wasser und bevorzugt schattige Lagen, die andere kommt mit wenig Wasser aus und liebt die Sonne – ist also ein eher ungutes Team.

Lavendel	→ Die Ansprüche sind fast identisch mit der Olive: Er benötigt ebenfalls wenig Wasser, liebt Sonne und man kann den gemeinsamen Dünger verwenden. → Lavendel blüht von Anfang Juni bis Mitte/Ende August, eventuell sogar etwas länger. → Die Pflanze gilt als natürlicher Schutz gegen Blattläuse und ähnliche Schädlinge.
Rosmarin	→ Auch er hat identische Ansprüche wie der Olivenbaum und kann mit demselben Dünger versorgt werden. → Die Blütezeit von Rosmarin erstreckt sich von Anfang Juni bis Mitte/Ende August, eventuell sogar etwas länger. → Soll angeblich Mücken fernhalten und Schnecken mögen ihn auch nicht.
Fetthenne	→ Ebenso die Fetthenne liebt einen durchlässigen Boden, die Sonne und kommt gut mit wenig Wasser aus. → Die Blütezeit der Fetthenne ist von Ende August bis September und daher ein wunderschöner Begleiter für den Herbst.
Zistrose	→ Diese Rose liebt die Sonne und wenig Wasser. Zwischen Juni und August blüht sie. → Die Zistrose ist essbar und besitzt den höchsten Anteil an Polyphenolen (wirken als Antioxidanzien und schützen die Zellen vor freien Radikalen) in Europa.
Thymian	→ Das Kraut benötigt wenig Wasser und viel Sonne. → Seine Blütchen zeigt es von Juni bis Oktober. → Thymian hält Blattläuse, Mottenschildläuse, Weiße Fliege und Kohlfliegen ab.
Malve	→ Sie benötigt wenig Wasser und liebt die Sonne. → Von Juni bis in den späten Herbst hinein zeigt sie ihre Blüten. → Die gesamte Pflanze ist essbar und hat einen milden Geschmack. Sie eignet sich für Suppen und Eintöpfe.

1. Rosmarin hat die gleichen Ansprüche wie die Olive und eignet sich daher hervorragend als Pflanzpartner.

2. Lavendel kann zugleich vor Schädlingen schützen.

1

2

Lavendel braucht Ende Februar und nach der Blüte einen Rückschnitt.

Lavendel und Olive sind auch am Abend mit Solarleuchten ein perfektes Duo.

RICHTIGE PFLEGE VON FRÜHLING BIS WINTER

ERDE RICHTIG VERTEILEN ODER LOCKERN!

Am besten lockere ich die Erde immer mit einem kleinen Handrechen oder einer Harke auf. Auch ideal, um nach Schädlingen wie Engerlingen zu suchen.

Olivenbäume brauchen Liebe und Zuspruch

Mein Credo ist immer: je weniger ich mache, umso besser fühlen sie sich! Denn der Olivenbaum ist „eigentlich" ganz einfach in der Pflege, wenn man ihn versteht.

Deshalb habe ich versucht, dich ein wenig in die Geschichte und seine Herkunft einzuführen, denn ich denke, so kann man sich besser in den mediterranen Kameraden einfühlen und ihn verstehen.
Normalerweise stehen die Bäume in irgendwelchen Hainen in Spanien, Italien oder anderen mediterranen Ländern und es wird nicht viel Hype um sie gemacht. Bei uns sind sie jetzt aber nun mal in Deutschland, Österreich, Schweiz etc. und meistens in Kübeln oder auch in einem Gartenbeet – manchmal tanzen wir unnötigerweise wie um das goldene Kalb herum, ich auch. Ich muss gestehen, dass ich sogar mit ihnen spreche, fast täglich. Ich lobe oder tadle sie, weil ich fest daran glaube, dass Pflanzen das aufnehmen können – und irgendwie gibt mir der Erfolg mit meinen Bäumen recht.

WICHTIGE TO DOS IN DEN JAHRESZEITEN

Im Frühjahr ist eine wichtige Olivenbaum-Arbeit der Schnitt – das Gleiche gilt für den Herbst –, also auslichten und in Form bringen! In den südlichen Ländern wird zwischen Januar und März geschnitten, aber da sind auch die Temperaturen anders als bei uns. Ich schneide seit Jahren Anfang/Mitte April, weil dann bei uns die Temperaturen konstanter im zweistelligen Bereich liegen. Im Sommer steht natürlich das Gießen im Fokus, auf den nächsten Seiten zeige ich dir einige Tricks dazu, u. a. meine Wasserspeicher in den Drypots. In der kalten Jahreszeit musst du natürlich deine mediterranen Bäume vor Frost schützen. Aber das ist kein Hexenwerk und sollte dich nicht davon abhalten, dir einen Baum zu kaufen. Je nachdem wo du wohnst und welche Sorten du hast, musst du unterschiedliche Dinge beachten. Begleite mich nun also auf den folgenden Seiten von Frühling bis Winter durchs Olivenjahr.

Die mediterranen Pflanzen brauchen auch Liebe und Zuspruch! Das ist eines meiner Erfolgsgeheimnisse, dass meine Olivenbäume schon so lange prächtig gedeihen.

Frühling: schneiden & düngen

Im Frühling und Winter passiert tatsächlich am meisten mit unseren Freunden. Fangen wir mal systematisch in zeitlicher Reihenfolge an.

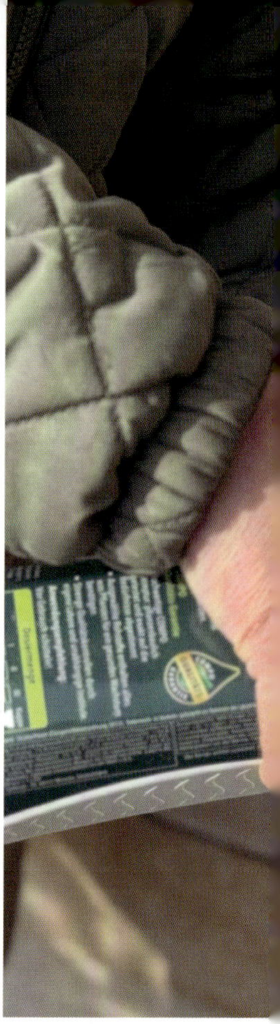

1. Am liebsten verwende ich Flüssigdünger mit Dosieranleitung …

2. … so kann nichts schief gehen und ich behalte den Überblick.

Ab März sollte man, wenn nicht schon geschehen, den Baum von seinem Kronenvlies befreien, damit er kontinuierlich Licht und Luft bekommt. Wenn du das Vlies entfernst, dann bitte sofort auf Schädlinge kontrollieren.
Ab Ende März/Anfang April kannst du ebenso den Stamm- und Kübelschutz entfernen. Bitte den Stamm auf etwaige Pilze o. Ä. kontrollieren.

RICHTIG DÜNGEN

Ab April solltest du jetzt auch wieder regelmäßig jede Woche bis alle 14 Tage düngen, damit der Olivenbaum richtig Kraft bekommt und einen guten Start hinlegt.

Welchen Dünger nehmen?

Meine Empfehlung ist ein mediterraner Flüssigdünger, mit dem man die Pflanze regelmäßig versorgt. So hast du meiner Erfahrung nach eine bessere Kontrolle als mit einem sogenannten Langzeitdünger, der selbständig über mehrere Monate Nährstoffe an die Pflanze abgibt.
Es ist nicht schlimm, wenn man mal vergisst zu düngen und erst nach drei Wochen wieder daran denkt. Das können die Bäume schon ab! Aber wichtig ist es, überhaupt zu düngen, denn so stärkst du deinen Baum und machst ihn widerstandsfähiger gegenüber Schädlingen und Krankheiten. Davon gibt es nicht wenige, und vor allem durch die Zunahme an Olivenbäumen kommen immer mehr „seltsame" Schädlinge zu uns nach Deutschland – somit auch in unsere Gärten. Versuche daher deinen Olivenbaum zu stärken und zu unterstützen, wo es nur geht.

1

2

Regelmäßig düngen

Regelmäßiges Düngen ist vor allem deshalb sehr gut, weil in den Kübeln die Nährstoffe sehr schnell aufgebraucht sind. Deshalb dünge ich im Sommer ab April bis September alle ein bis zwei Wochen.

Hilfe, die Blätter sind gelb

Ab Mitte Mai/Anfang Juni erhalte ich meistens die ersten Nachrichten, dass die Blätter von euren Olivenbäumen gelb sind und schwarze Flecken haben. Das ist aber kein Nährstoffmangel, sondern die klassische Augenfleckenkrankheit und hier in unseren Breiten zu dieser Zeit fast schon normal. Es handelt sich um einen Pilzbefall, dazu komme ich im Kapitel Schädlinge und Krankheiten auf Seite 70 noch genauer.

3 Regeln zum Düngen

– Nie ausgetrocknete oder welke Pflanzen düngen. Immer schauen, dass die Erde gut feucht ist, ggf. vorher gießen – oder vielleicht hat es auch zuvor schon geregnet. In trockener Erde verteilt sich der Dünger nicht gut im Topf und ist nur an gewissen Stellen oder Ecken verfügbar.
– Den Dünger immer auf den Boden gießen, nie über die Pflanze.
– Regelmäßig gießen.

Das Frühjahr ist auch die richtige Zeit, um deine Olive auszupflanzen oder umzutopfen – besser geht es fast nicht (die Erde sollte nicht mehr gefroren sein).

Richtig schneiden

Wichtig ist im Frühjahr der Auslichtungs- und Formschnitt! Er dient dazu, dass euer Olivenbaum wieder neu angeregt wird, auszutreiben und zwar von innen raus. Durch den richtigen Schnitt bekommen die Zweige wieder Luft und Licht und du später Blüten und sogar Früchte.

Werkzeug

Für den Schnitt brauchst du gutes Werkzeug! Ich empfehle eine wirklich scharfe Gartenschere, sie darf auf keinen Fall stumpf sein. Die Gartenschere reinige ich vorab und desinfiziere sie wirklich vor jedem Baum, denn man kann dadurch schnell Pilzsporen oder andere Krankheiten von einem Baum zum nächsten übertragen. Da ist kein absolutes Muss, aber eine klare Empfehlung von mir.

Richtig abschneiden

Beim Schnitt ist es wichtig, dass du immer knapp über einem Blattpaar schneidest. Der Schnitt über dem sogenannten Auge regt zu schnellerem Wachstum an.

Luft im Inneren

Den Baum von innen ausschneiden und zwar alle sich kreuzenden und toten Äste entfernen.

Schnell wirst du sehen, dass der Baum richtig schön luftig von innen wird. Auch kannst du etwas dickere Äste rausschneiden. Wichtig ist, dass der Baum Luft und Licht im Inneren bekommt.

Runde Krone

Bestimmt hast du schon beobachtet, dass die neuen Triebe immer nach oben wachsen. Also Richtung Sonne. Das ist aber in Italien, Spanien etc. und bei den Olivenbauern gar nicht gewollt, hier wachsen die Kronen in die Breite. Ich finde auch, dass sie so viel schöner und imposanter aussehen. Dazu stelle ich mich gerne etwas weiter weg und betrachte meinen Baum, bevor ich zur Schere greife.

Habe keine Angst und traue dich, beherzt mit der Gartenschere unerwünschte Triebe abzuschneiden!

Olivenbaum selber ziehen

Oft bin ich schon danach gefragt worden, ob man einen Olivenbaum aus einem Steckling selbst ziehen kann. Selbstverständlich ist das möglich, allerdings mit einiger Arbeit verbunden und vor allem Zeit. Am besten schneidest du die Stecklinge im zeitigen Frühling, idealerweise im Februar.

1. Triebe schneiden

Schneide zunächst einen ca. 15 cm langen Olivenbaumtrieb von einer vorhandenen Pflanze ab. Da das Unterfangen relativ geringe Erfolgschancen hat und die Mehrquote tatsächlich kaputt geht, solltest du gleich mehrere Triebe für dein Vorhaben zur Verfügung haben.

2. Triebe vorbereiten

Jetzt entfernst du an den Trieben die unteren Blätter und raust mit einem scharfen Messer das Ästlein leicht auf. Die unteren Blätter können ohne Kontakt mit der Erde nicht schimmeln, der Trieb verdunstet durch weniger Blätter weniger Wasser (er hat ja noch keine Wurzeln). Und der scharfe Schnitt befördert die Wasseraufnahme.

3. Stängel wässern & Wurzelpulver

Nun stellst du die Triebe in ein Wasserglas und wässerst sie gut. Um überhaupt eine Chance auf Erfolg zu haben, solltest du dir Root Powder (Wurzelpulver) besorgen und die Triebe kurz reinstecken. Bitte nicht das Pulver abklopfen, denn es stärkt deinen Trieb und hilft beim Anwachsen.

4. Einpflanzen

Im nächsten Schritt einen kleinen Anzuchttopf mit mediterraner Erde befüllen. Dann mit einem Bleistift ein Pflanzloch in das Substrat drehen und den Trieb reinstecken.

5. Luftfeuchtigkeit

Wenn du die Möglichkeit hast, das Töpfchen nun in ein kleines Anzucht-/Gewächshäuschen zu stellen, kannst du das gerne machen – aber immer hell, am besten auf der Fensterbank. Oder du nimmst einen Plastikbeutel (durchsichtig) und bindest ihn drüber. So wird sich Kondenswasser bilden und durch die Tröpfchen der Steckling befeuchtet.

5. Wann hat der Steckling Wurzeln?

Um Wurzeln im Substrat zu bilden, brauchen die Stecklinge Temperaturen von 20 bis 25 °C. Je nach Temperatur und Helligkeit, kann es also einige Monate dauern. Du brauchst Geduld. Ob dein Steckling Wurzeln gebildet hat, erkennst du daran, dass sich am Trieb neue Blättchen entwickeln. Welche Freude!

6. Die neue Pflanze

Wenn alles gut geht – die Wahrscheinlichkeit ist allerdings sehr gering – kannst du im Sommer die Wurzeln deines Erfolgs sehen und die Bäumchen einpflanzen.

Im Sommer gießen & genießen

Im Sommer, wenn er denn trocken und sonnig ist, kannst du deinen Olivenbaum einfach genießen! Du wirst sehen, dass die Bäume hier richtig aufatmen und sich prächtig entwickelt haben. Es ist tatsächlich die am wenig beachtenswerteste Zeit und du kannst dich in Sachen Olive zurücklehnen und entspannen.

Ich höre immer wieder: „Die Olive muss man nicht gießen!“ Für mich – ehrlich gesagt – totaler Blödsinn! Warum sollte man das nicht? Sie ist ja kein Kaktus oder eine Sukkulente und auch keine Wüstenblume, also warum nicht gießen?

REGELMÄSSIG GIESSEN & DÜNGEN

Die Olive benötigt im Topf sogar relativ viel Wasser. Ich gieße meine Bäume regelmäßig, weil das Wasser einfach schneller verdunstet. Natürlich kommt sie mit Trockenperioden eher klar als vielleicht eine Hortensie, aber zu lange sollte diese Periode auch nicht sein.
Bitte gieße in heißen Perioden täglich bis jeden zweiten Tag.
Im Sommer Olivenbäume auch regelmäßig düngen, denn gerade jetzt benötigt sie viele Nährstoffe.

HILFREICHER FEUCHTIGKEITSMESSER

Wenn du dir unsicher bist, ob deine Oliven schon wieder Wasser benötigen oder nicht, kann ich dir einen Feuchtigkeitsmesser ans Herz legen. Er ist kostengünstig und kann dich in der Wasserfrage unterstützen. Ich selbst nehme ihn mittlerweile für alle Kübelpflanzen und möchte nicht mehr auf ihn verzichten.

BIMSGRANULAT ALS AUSTROCKNUNGSSCHUTZ

Ich habe mittlerweile das Bimsgranulat für mich entdeckt. Nicht nur, dass es schön und mediterran wirkt, nein, es hat auch einige Vorteile:
– Es schützt die Pflanze im Sommer vor zu schneller Austrocknung. Seitdem muss ich weniger gießen.
– Schädlinge wie Maikäfer/Junikäfer legen ihre Eier nicht ab.

1

1. Triebe am Stamm entfernen, da sie nutzlos sind und der Krone Kraft nehmen.

2. Das Granulat schützt vor Austrocknung.

3. Der Wassersensor zeigt mir, wann mein Baum Wasser benötigt.

2

3

– Im Winter erfüllt das Bimsgranulat einen „Wärmeschutz“, es übernimmt quasi die Funktion von einer Kokosmatte – es isoliert etwas.

AUF SCHÄDLINGE KONTROLLIEREN

Oftmals ist der Sommer auch die Zeit der Schädlinge: Wollläuse, Dickmaulrüssler und andere böse Gesellen können jetzt vermehrt auftreten. Bitte kontrolliere immer regelmäßig, denn wenn wer die bösen Zeitgenossen frühzeitig entdeckt, kann schnell und gut handeln. Mögliche Schädlinge stelle ich dir auf den Seiten 66 bis 69 vor.

SOMMERSCHNITT

Oftmals bzw. eigentlich immer, wachsen von unten oder aus dem Stamm Triebe. Diese bitte unbedingt schneiden, denn sie nehmen der Krone die Kraft. Direkt am Stamm (ohne ihn zu verletzen) ansetzen und mit einer scharfen Schere abschneiden.

Herbst

Für die Herbstsaison ist in Sachen Olivenbaum nochmal viel Routine angesagt: also schneiden und düngen. Natürlich auch das Gießen nicht vergessen. Und, vielleicht kannst du dich auf eine Olivenernte freuen.

FORMSCHNITT IM HERBST

So ab Ende September/Anfang Oktober ist nochmal ein guter Zeitpunkt für einen Rückschnitt. Denn wenn bei kalten Temperaturen später die Schutzhülle drüberkommt, sollten die Zweige nicht gequetscht oder abgedrückt werden, das bedeutet nämlich Stress für den Baum.

Wichtig ist wieder, dass du direkt über einem Blattpaar schneidest und die Schere nicht stumpf und vor allem sauber ist. Ich versuche hier immer einen kompakten Schnitt für eine runde Krone, denn so lässt sich die Hülle im Winter gut drüberziehen und quetscht oder drückt nicht.

SCHÄDLINGE NICHT VERGESSEN

Ansonsten kontrolliere ich jetzt auch nochmal auf Schädlinge und Pilzbefall und behandle gegebenenfalls. Details zum Thema Schädlinge und Krankheiten findest du auf Seite 66 bis 75.

HERBSTDÜNGUNG

Ab Oktober reicht es aus, die Bäume nur noch alle vier bis sechs Wochen zu düngen. Ja, man soll die mediterranen Pflanzen in Töpfen tatsächlich ebenso im Herbst/Winter düngen, denn das steigert ihre Kraft und Abwehr – eine klare Empfehlung von mir!

ERNTEFREUDEN

Ab dem Spätherbst werde ich auch immer gefragt: „Was mache ich mit meinen Oliven am Baum? Kann ich sie ernten oder soll ich sie am Baum lassen?"

Ich selbst lasse sie am Baum, weil ich es optisch schöner finde und mir das Einlegen zu aufwendig ist. Selbstverständlich kannst du deine Oliven im Garten aber auch ernten. Du hast die Möglichkeit, dass du sie entweder mit der Hand einzeln abzupfst oder ein Tuch unter dem Baum auf die Erde legst und anschließend den Baum bzw. die Äste kräftig schüttelst. Diese Methode hat den Vorteil, dass sich dabei gleichzeitig gelbe Blätter mit ablösen, die eh schon kurz vorm Abfallen wären (nicht schlimm). Danach Blätter und Früchte trennen, um die Oliven weiterzuverarbeiten.

1

2

1. Langsam werden die Früchte reif und somit auch schwarz.

2. Die Ausbeute vom Formschnitt kann man gut zur Deko benutzen.

Im Winter gut schützen

Ab November solltest du auf alle Fälle die Winterschutzmaterialien bereitliegen haben. Ich persönlich packe einige Bäume gar nicht mehr ein, die jungen und schmächtigen schon noch, aber je größer und älter ein Baum ist, umso weniger Schutz benötigt er.

Durch meine Körbe, die innen mit einem Kunststoffeinsatz ausgestattet sind und außen mit Rattan, kann ich größtenteils auf den Kübelschutz im Winter verzichten.

Mit der Wahl meiner Pflanztöpfe, den Drypots, habe ich bereits einen sehr guten Vorteil, denn sie haben eine Art Schutzfunktion für den Baum. Zum einen durch den Kunststoffkübel innen und zum anderen durch eine Ummantelung mit Rattan-Geflecht außen, das isoliert. Meine Hortensien habe ich in den Drypots übrigens ebenso wie andere Pflanzen noch nie eingepackt. Aber nicht jeder hat einen Drypot, daher sollten normale Kübel geschützt werden. Was also tun, wenn die Kälte naht? Tatsächlich ist die Überwinterung immer noch das Kriterium Nummer 1, warum sich viele keine Olivenbäume anschaffen – dabei ist es wirklich kein Hexenwerk einen Olivenbaum zu überwintern, gut eingepackt ist die halbe Miete.

WARUM WINTERSCHUTZ?

Zur Erinnerung, um das ganze Prozedere zu verstehen: Der Olivenbaum ist eine mediterrane Pflanze und kein laubabwerfender, also immergrüner, Baum, daher benötigt er auch im Winter viel Licht, Luft – und etwas Wasser, da er seine Blätter behält. Im Vergleich dazu verliert beispielsweise der Feigenbaum im Winter

Mit das Wichtigste am Baum ist der Stamm und der ist gut geschützt.

seine Blätter und kann somit auch in einem dunklen Raum mit wenig Wasser zurechtkommen. Bei ihm findet keine Fotosynthese statt, bei unserem Olivenbaum aber schon, wenn auch im Winter gedrosselt. Zitronen behalten ebenso ihre Blätter und sollten daher auch hell und kühl überwintert werden. Es gilt also die Regel, egal, ob mediterran oder nicht, dass jeder Baum, Strauch etc., der seine Blätter behält, also immergrün ist, im Winter Licht benötigt. Bekommt er es nicht, wirft er seine Blätter ab – und wir wissen ja schon, dass die Olive unglaublich langsam ist und es bis zum Frühjahr dauert, bis sie wieder Blätter bekommt. Bei einer blattlosen Olive im Winter denken viele Menschen sofort, dass ihr Baum kaputt ist. Dabei hat er lediglich aufgrund falscher Überwinterung seine Blätter verloren und braucht Zeit, um neue zu bilden.

Mit diesem Wissen kannst du sicherlich nachvollziehen, warum es besser ist, die Olive draußen zu lassen oder in einem unbeheizten Wintergarten/Gewächshaus zu überwintern. Allerdings hat nicht jeder, inklusive mir, diese Möglichkeit und ist deshalb angewiesen, die Bäume draußen zu lassen.

Auch die ganz normalen Töpfe lassen sich für den Winter „schön“ schützen.

DRAUSSEN ÜBERWINTERN: WORAUF MUSS ICH ACHTEN?

Was können wir also tun? Am besten besorgst du dir rechtzeitig die einzelnen Materialien für den Winterschutz, so bist du immer gut vorbereitet und kannst schnell agieren.
Ich empfehle grundsätzlich bei jungen Bäumen in kleinen Töpfen das Gefäß schon ab einer Temperatur von 0 °C einzupacken, da die Bäume frostempfindlicher sind, und kleine Töpfe schneller durchfrieren als sehr große.
Ansonsten reicht es, wie in der Tabelle zu sehen, wenn man die Töpfe ab –2 bis –5 °C einpackt.

FÜR DEN WINTERSCHUTZ BRAUCHST DU

– 1 Luftpolsterfolie
– Tannenäste, alternativ eine Kokosscheibe
– 1 Juteband/Jutesack oder eine Jutefilzmatte
– 1 passende Schutzhülle, die Licht- und Feuchtigkeit durchlässt. Am besten mit Reißverschluss (gibt es allerdings nur für die großen Exemplare).
– Von einem Frostwächter rate ich ab, da dieser eher den Baum schädigt, viel Geld kostet und ein Juteband den gleichen Effekt hat.
– Empfehlung: Ein Feuchtigkeitsmessgerät, damit du immer weißt, ob dein Baum Wasser benötigt.

Oft sehe ich, dass Leute die Bäume auf Styropor oder sonstige Sachen stellen. Ich habe das noch nie getan (selbst meine ganz kleinen Bäume nicht), meine Bäume wären auch zu schwer dafür – also könnt ihr euch das auch sparen. Der Gartenboden isoliert und die Terrassen sind meist mit Kies unterlegt, so dass hier ebenso eine gute Schutzwirkung vorhanden ist.

Bitte unbedingt das Gießen an frostfreien Tagen und gelegentliches Düngen nicht vergessen! Die meisten Bäume erfrieren nicht, sondern verdursten!

WANN, WAS EINPACKEN?

Olivenbaum	0 °C	-2 bis -5 °C	-6 bis -10 °C	Längerer Zeitraum -10 °C und kälter
Bonsai	Kübel einpacken	Stamm schützen	Krone schützen	-
Kleine und junge Bäume	Kübel einpacken	Stamm schützen	Krone schützen	-
50 bis 100 Jahre alte Bäume	-	Kübel schützen und Stamm	Krone bei längerem Frost schützen	-
Noch ältere Bäume	-	Stamm und Kübel schützen	-	Krone schützen, wenn kältere Temperaturen über einen längeren Zeitraum vorher angesagt werden

1

2

1. Je älter der Baum, um so unempfindlicher ist er. Daher so lange wie möglich auf Winterschutz verzichten.

2. Ich habe in diesem Jahr lediglich die Stämme geschützt.

Winterschutz für Olivenbäume in Töpfen

1. Tannenäste

Um die feinen, oberen Wurzeln zu schützen, lege ich auf die Erde von oben Tannenäste oder eine Kokosmatte. Beide schützen den oberen Bereich und lassen aber gleichzeitig Feuchtigkeit an die Wurzeln.

2. Luftpolsterfolie

Wichtig ist, dass „normale“ Kübel und Töpfe vor Durchfrostung geschützt werden. Daher umwickelt man den Topf mit einer Luftpolsterfolie, alternativ mit einer Schafwoll- oder Jutefilzmatte, die dann gut isoliert.

Wer möchte, kann um die Luftpolsterfolie, die nun nicht so ansehnlich ist, einen Jutesack stülpen. Alternativ gibt es Jute in verschiedenen Farben als Meterware – einfach umwickeln und mit einer schönen Schleife fixieren.

3. Jute für den Stamm

Ab -2 °C empfehle ich auch langsam den Stamm zu umwickeln, da dieser das eigentliche Herzstück der Pflanze ist. Sollte er Frostschäden/Risse davontragen, kann das schnell zum Olivenbaumtod führen.

Jetzt hast du schon mal die halbe Miete und kannst abwarten, bis es in den tieferen Minusbereich geht.

4. Schutzhülle

Wenn es über einen längeren Zeitraum kälter als -5 bis -8 °C wird, solltest du dem Olivenbaum einen „Mantel" anziehen und die Krone schützen. Gut sind Schutzhüllen, die komplett bis nach unten gehen, so hat der Baum einen doppelten Schutz.

Hüllen mit Reißverschluss oder einem Roll-up haben den Vorteil, dass man tagsüber einfach mal Tageslicht und Luft reinlassen kann, auch wenn es kalt ist. Du solltest nur aufpassen, dass es nicht zu windig ist, sonst kann die „Mütze" auch mal wegfliegen - ist mir alles schon passiert!

Wenn die Temperaturen sich wieder gegen 0 °C bewegen und das stabil für einen längeren Zeitraum, kannst du die „Mütze" wieder ganz weglassen - bitte aber den Stamm weiter schützen bzw. wenn es kalt ist.

MÖGLICHE PROBLEME

Wichtige Schädlinge

Leider sind auch bei uns viele Schädlinge unterwegs, die sich den Olivenbaum bzw. die Blätter schmecken lassen. Hier erfährst du, wie du sie erkennst und was du gegen sie tun kannst.

Dickmaulrüssler-Fraß

DICKMAULRÜSSLER

Beginnen wir mit meinem immer häufiger verbreiteten „Freund", der sich neuerdings auch auf Olivenbäume konzentriert, dem Dickmaulrüssler. **Der Käfer** an sich ist nicht das Problem, auch wenn es nicht schön aussieht, wenn er die Blätter buchtenartig abfrisst. Das ist bei der Olive deshalb nicht so schön, weil sie ja kein laubabwerfender Baum ist und sie nicht, wie bei der Hortensie zum Beispiel, ihre angefressenen Blätter einfach im Herbst verliert und im Frühling dann wieder schöne Blätter bekommt – nein, hier bleiben die angefressenen Blätter dran und sehen nicht so toll aus. Aber wie schon erwähnt, ist das nicht das Hauptproblem.
Die Engerlinge des Rüsslers machen uns den Kummer. Der Käfer legt seine Eier in die Erde, daraus schlüpfen die Larven und diese ernähren sich dann von den „guten" Wurzeln. Dadurch stirbt der Baum über kurz oder lang ab, weil die wichtige Wasserzufuhr unterbrochen wird.
Abhilfe: Du kannst die Erde immer wieder wechseln, Fallen auslegen oder Nematoden gießen. All das hilft! Aber los wird man ihn leider nie mehr, wenn er einmal im Garten ist. Ich kämpfe seit vielen Jahren gegen ihn an.

WOLLLÄUSE

Auch die Olive wird von den weißen „Püschelläusen" befallen – es hat sich im Schädlingsmilieu rumgesprochen, dass Oliven lecker schmecken. Allerdings verursacht die Wolllaus keine nennenswerten Schäden, obwohl sie zu den saugenden Schädlingen gehört und Blattsaft aussaugt.

Wollläuse

Schildläuse

Meistens bevorzugen die Tierchen Blattspalten und siedeln sich dort in Grüppchen an. Sie treten an Olivenbäumen auf, die eher schattig stehen, da sie das Sonnenlicht nicht wirklich mögen. Zudem findet man Wollläuse häufig zum Ende des Winters, wenn die Olivenbäume warm überwintert werden.
Symptome eines Befalls sind meistens die Tiere selbst sowie die Vergilbung oder Faltenbildung der Blätter mit Flecken.
Wie gehst du nun vor? Entweder du nimmst bei einem geringen Befall die Blätter ab oder sprühst ein gutes Mittel gegen saugende Insekten auf die Wollläuse. Ich empfehle hier immer „Schädlingsfrei" einer bekannten Marke, das du in jedem Gartencenter bekommst. Das Mittel hilft ebenso gegen andere saugende Schädlinge, wie Schildläuse.
Übrigens, wenn man die Olivenbäume regelmäßig düngt, werden sie auf jeden Fall widerstandsfähiger gegenüber solchen Schädlingen und regenerieren sich sehr gut.

SCHILDLÄUSE

Hierbei handelt es sich auch um saugende Schädlinge, denn sie ernähren sich ebenfalls von Pflanzensaft. Sie treten hauptsächlich an Pflanzen auf, die zu warm überwintert werden. Du findest die Läuse dann auf den Blattunterseiten, an Blattadern und den Ästen. Sie lieben grundsätzlich mediterrane Pflanzen und kommen daher häufig auch an Zitronen, Palmen und Oleandern vor.
Die Schildlaus tarnt sich sehr gut und passt sich ihrer Umgebung an. Meistens bemerkt man sie erst, wenn sich viele Ameisen in der Umgebung der Oliven aufhalten, denn die Schildläuse haben klebrige Ausscheidungen und hinterlassen diese auf den Blättern oder dem Boden.
Abhilfe: Auch hier ist es wieder wichtig, dass du regelmäßig düngst, denn meistens befallen die Läuse geschwächte Pflanzen. Außerdem müssen Oliven kühl und hell überwintert werden, dann kannst du zu fast 100 Prozent sicher sein, dass keine Laus kommen wird – ich hatte in den vielen, vielen Jahren noch keine einzige Woll- oder Schildlaus oder einen anderen Schädling auf meinen Oliven (außer den Dickmaulrüssler!), auch, weil meine Bäume immer draußen bleiben!
Wenn die Olivenbäume nur schwach befallen sind, reicht es, die Blätter abzuwischen oder mit Schmierseife/Spülmittel zu behandeln. Sollte die Pflanze stärker befallen sein, empfehle ich ebenso das zuvor genannte Mittel „Schädlingsfrei".

Befall durch die Olivenbaummotte

Raupe vom Grünen Olivenfalter

Engerlinge vom Rosenkäfer

OLIVENBAUMMOTTE

Auch wenn der Name toll klingt, will man die Motte nicht wirklich im Garten haben. Ab und an dachte ich schon, sie hätte sich bei mir angesiedelt, aber das war zum Glück immer Fehlalarm.
Bei der Olivenbaummotte handelt sich um einen Schmetterling/Falter. Der erwachsene Falter ist ca. 14 mm groß und verursacht keine ernsthaften Schäden, vor allem, da wir in unseren Breiten keine Oliven zu Öl verarbeiten.
Befall: Der Falter führt drei Generationen pro Jahr durch und das läuft wie folgt ab: Die Larve der ersten Generation beschädigt den Blütenstand. Die Puppe beschädigt den Kern. Der Falter kümmert sich um die Blätter, Triebe und die Oliven (frisst sie).

Was kannst du tun? Es gibt keine wirklichen Mittel gegen diesen Schädling. Da er jedoch in denselben Stadien wie der Buchsbaumzünsler auftritt, würde ich bei einem Befall tatsächlich ein Mittel wie gegen den Zünsler (XenTari Raupenfrei) wählen – hoffen wir aber, dass es gar nicht so weit kommt.

GRÜNER OLIVENFALTER

Tatsächlich habe ich die Schäden dieses Falters schon bei einigen meiner Follower gesehen. Die Mottenart befällt hauptsächlich junge Pflanzen und verursacht Schäden, indem ihre Raupen die frischen Triebe abessen. Folge sind vermindertes Wachstum der Blätter, bei starkem Befall sogar Stillstand des Blätterwachstums.

Abhilfe: Ich empfehle hier ebenfalls das Bakterium „Xentari“ anzuwenden (als XenTari Raupenfrei im Handel erhältlich), da das Mittel nur die Raupen angreift. Allerdings haben die meisten von uns ja keinen Olivenhain zuhause, sondern nur ein oder zwei Bäume, und somit kann man die Pflanze selbst von den Raupen befreien oder eine Pheromonfalle aufhängen. Durch die Fallen im Baum werden männliche Motten durch Sexuallockstoffe angelockt, bleiben in der Falle kleben und können zudem keine weiblichen Tiere mehr begatten.

Ameisen

AMEISEN

Bei sehr feuchter Witterung gibt es viele Ameisen. Dann werde ich oft gefragt, was man gegen sie tun kann.

Abhilfe: Ich persönlich würde den Baum nicht mit Ameisen- oder Backpulver gießen, da ich nicht weiß, wie sich die Olive dann verhält. Mein Tipp ist immer, das Mittel unter oder um den Topf großzügig zu verstreuen, dort nehmen es die Tierchen auf und sterben ab. Wir haben auch schon eine Olive umgetopft, in der Ameisen gewesen sind, und ich habe das Pulver dann in den unteren Teil der Erde gestreut, indem noch keine Wurzeln sind, und den Wurzelballen draufgesetzt. Das hat sehr gut geholfen.

ROSENKÄFER-ENGERLINGE

Im Garten kommen vier verschiedene Arten von Engerlingen vor. Es sind die Larven von Mai-, Juni-, Nashorn- und Rosenkäfer. Nicht alle vier zählen zu den Schädlingen, der Nashornkäfer steht sogar unter Naturschutz und ist ebenso wie der Rosenkäfer-Engerling sogar nützlich, da er sich von totem Material ernährt (abgestorbene Wurzelteile etc.). Wenn jetzt aber in einem kleinen Topf auf einmal 100 Stück und mehr drin sind, ist das natürlich nicht von Vorteil, denn dann werden mangels toter Masse auch frische Wurzeln etc. angefressen.

Abhilfe: Die Töpfe immer auf Engerlinge kontrollieren. Am besten den Topf gut wässern, dann kommen sie zum Vorschein und man kann sie einfach absammeln. Und vielleicht solltest du noch überlegen, ob dein ökologisches Gleichgewicht im Garten halbwegs stimmt (sind genug Nützlinge wie Vögel, Insekten etc. vorhanden?), wenn so viele Schädlinge auf einmal auftauchen.

Mein Fazit

Weitere Schädlinge sind aus meiner Erfahrung aktuell nicht wirklich bei uns ansässig. Man muss aber immer bedenken, dass auch ein Buchsbaumzünsler kein heimischer Schädling ist, und je mehr Olivenbäume es hier geben wird, umso mehr werden Schädlinge und Krankheiten zunehmen. Darum kontrolliere schon beim Kauf deinen neuen Mitbewohner ganz genau und frage lieber nach, wenn du unsicher bist.

Häufige Krankheiten

Eigentlich, um das schon mal vorweg zu nehmen, ist der Olivenbaum nahezu unkaputtbar. Er geht meistens durch falsche Handhabung ein. Wenn du ein paar Dinge beachtest, hat er ein ziemlich langes Leben.

Natürlich kann es ab und an passieren, dass du ein „krankes" Exemplar kaufst – denn wie schon erwähnt, wächst der Olivenbaum irrsinnig langsam und zeigt somit auch sein „Unwohlsein" meist erst sechs bis acht Wochen später.

AUGENFLECKENKRANKHEIT

Die Augenfleckenkrankheit ist der absolute Klassiker hier in unseren Breiten, denn es ist eine Pilzerkrankung, die aufgrund von zu feuchter Witterung, meistens im Mai, entsteht.

Symptome: Betroffen sind hauptsächlich die Blätter, sie werden teilweise gelb und es bilden sich braune oder schwarze Punkte mit einer helleren Umrandung. Nach einiger Zeit fallen die Blätter ab.

Abhilfe: Nun könnte man hergehen und die komplette Erde austauschen, um den Baum trockenzulegen, da dieser Pilz sich nicht nur über die Luft verteilt, sondern ebenso über die Erde. Die Krankheit verbreitet sich durch Pilzsporen (Konidien), mit Regenwasser als Träger.

WIE KANNST DU PILZKRANKHEITEN GRUNDSÄTZLICH BEKÄMPFEN?

1. Wichtig ist, dass du den Pilzbefall frühzeitig erkennst und dann sofort alle befallenen Blätter absammelst und im Hausmüll entsorgst. Also auch alle Blätter auf dem Boden und im Topf.

2. Danach solltest du unbedingt ein Fungizid anwenden, es gibt hier mittlerweile sehr gute Produkte.

3. Wenn der Baum noch nicht zu stark befallen ist, bieten sich leichtere Varianten für die Behandlung an. Du kannst beispielsweise Lecithin (Herstellernachweis) oder ein Milch/Wassergemisch aufsprühen: 1 Teil Roh- oder Vollmilch (keine H-Milch) mit 8 Teilen Wasser mischen (z. B. 100 ml Milch und 800 ml Wasser). Am besten alles in eine Sprühflasche geben und damit regelmäßig die Krone einsprühen. Diese Variante ist die umwelt- und baumfreundlichste. Aber zum einen ist es schwer, an Rohmilch zu kommen, zum anderen ziemlich zeitaufwendig und bei starkem Befall nicht besonders effektiv. Dann hilft nur Kupfer.

1

2

1. Der Baumkrebs ist hier gut sichtbar unten am Stamm.

2. Sehr häufig bei uns: die Augenfleckenkrankheit.

4. Ein Kupfer/Wassergemisch kommt bei sehr starkem Befall zum Einsatz, oder auch bei Olivenbaumkrebs (dazu komme ich noch). Allerdings musst du bei diesem Mittel genau die Herstellerangaben befolgen, denn es kann gesundheitsschädlich sein.
Desweiteren gibt es Kräutermischungen. Aus meiner Erfahrung empfehle ich allerding ein Fungizid aus dem Handel, nach Herstellerangaben angewendet, weil es die einfachste und effektivste Behandlung ist.
Ich besprühe meine Bäume (Pilze bekommen interessanterweise nicht alle Bäume, sondern meistens immer die gleichen) im 14-tägigen Rhythmus gegen Abend, wenn es nicht regnet, damit das Mittel gut einwirken kann. Du musst hier einfach dranbleiben und vor allem die befallenen Blätter regelmäßig entsorgen.

OLIVENBAUMKREBS

Auch der Olivenbaum kann Krebs bekommen, was in den meisten Fällen das Ende für ihn ist. Dennoch bin ich immer der Meinung, man sollte es versuchen – auch hier ist es mir schon mit zwei meiner Followerinnen erfolgreich gelungen, den Baumkrebs zu stoppen und zu kurieren. Baumkrebs, den es auch bei unseren heimischen Bäumen gibt, entsteht, wenn Bakterien oder Pilze durch einen Riss im Baumstamm eindringen und diesen infolge schädigen. Meistens treten diese

Risse im Winter durch Kälte auf, sogenannte Frostschäden. Daher rate ich immer, den Stamm einzuwickeln, um ihn vor Temperaturschwankungen zu schützen. Ebenso durch Transport können am Stamm Schäden entstehen, die es Bakterien und Pilzen bei feuchtem Wetter ermöglichen, einzudringen. Unsachgemäßer Schnitt mit infiziertem Werkzeug sind auch Infektionsquellen, daher die Klingen immer mit einem herkömmlichen Desinfektionsmittel reinigen.
Symptome: An der Rinde bilden sich Knoten, die später aufplatzen.
Abhilfe: Du solltest bei Befall auf alle Fälle den Baum nicht aufgeben! Ich habe im Laufe der Jahre schon die tollsten Exemplare an Bäumen gesehen, die schon viel erlebt und überlebt haben. Das liegt u. a. daran, dass der Baum robuster ist, als man denkt.
Zur akuten Bekämpfung empfehle ich eine Kupfer-Wassermischung (siehe Bezugsquellen Seite 96). Das Produkt kommt direkt aus Italien und wird bei uns auch im Obstbau eingesetzt. Bitte bei der Anwendung unbedingt Handschuhe tragen und den Baum im Frühling, Sommer und Herbst komplett einsprühen, ebenso die Krone.

Fumaggine

OLIVENLEPRA

Ja, auch Olivenbäume bzw. die Oliven können Lepra bekommen! Tatsächlich ist diese Erkrankung weitverbreitet und entsteht bei mildem und feuchtem Klima.
Symptome: Die Olivenfrüchte bilden sich kaum aus, runzeln zusammen und fallen frühzeitig ab. Die befallenen Früchte erinnern an eine Mumifizierung, daher auch der Name.
Abhilfe: Auch hier ist eine Wasser-Kupfermischung am besten geeignet.

CERCOSPORA-BLATTFLECKEN-KRANKHEIT

Bei dieser Pilzart fallen die Blätter früh ab, der Erreger überlebt trotzdem auf den Blättern am Baum. Im Herbst werden am meisten Pilzsporen produziert, die sich dann nach Regenfällen stark verbreiten. Der Befall verläuft mehr oder minder langsam, auch immer Sommer kann es daher zu stärkerer Entlaubung kommen. Die Pilzkrankheit wird durch hohe Luftfeuchtigkeit gefördert.
Symptome: Typisch sind gräuliche Flecken auf den Blattunterseiten, die befallenen Früchte zeigen kreisförmige, eingesunkene Stellen.
Abhilfe: Wichtig ist auch bei diesem Pilz frühzeitig und schnell zu handeln, damit man ihn mit einem organischen Mittel in den Griff bekommt. Sonst bleibt am Ende als „harte Keule“ nur noch die Kupfer-Wassermischung.

FUMAGGINE

Ein Pilz, der bei Überwinterung in geschlossenen, feuchten Räumen entsteht.
Symptome: Rußförmiger Pilz auf Rinden und Blättern.
Abhilfe: Wasser-Kupfergemisch. Darauf achten, dass der Baum gut belüftet und beschnitten wird. Bei schwachem Befall der Blätter kann eine Kernseifenlauge hilfreich sein.

VERTICILLIUM-WELKE

Dieser Pilz lebt im Substrat, zählt also zu den Bodenpilzen, und befällt von dort die Pflanze. Die Pilzerkrankung kommt sehr häufig bei Neupflanzungen vor, tritt aber auch bei alten Oliven auf.

Symptome: Meistens treten die ersten Symptome im Frühling auf, indem sich die Blätter zunächst verfärben, schließlich vertrocknen und abfallen. Die Krankheit wird anfangs oft mit Trockenschäden verwechselt. Die Intensität des Befalls hängt u. a. davon ab, wie robust deine Pflanze ist.

Abhilfe: Hier wird empfohlen, die vertrockneten Äste schnellstmöglich zu entfernen.

Fazit

Da wir in unseren Breiten mittlerweile ein sehr feuchtes Klima haben, nehmen verschiedene Pilzerreger zu. Egal nun aber, wie die Pilze heißen, sie sollten immer sofort behandelt werden, um sich nicht auszubreiten! Daher schnell handeln, am besten mit einem herkömmlichen Fungizid. Sollte es jedoch ein Krebs oder sehr hartnäckiger Pilzbefall sein, dann auf alle Fälle das Kupfer-Wassergemisch, wie vom Hersteller empfohlen, anwenden.

Pilzkrankheiten entstehen an geschwächten Bäumen bei feucht-warmer Witterung.

SYMPTOME: URSACHEN UND BEKÄMPFUNG

Symptome	Eventuelle Ursache	Bekämpfungsmöglichkeiten
Blätter verfärben sich ohne Flecken von Gelb nach Braun	Hier könnte Lichtmangel oder ein Nährstoffmangel vorliegen. Evtl. auch auf Staunässe prüfen!	Bedingungsänderungen wie den Standort wechseln, düngen oder aber das Gießverhalten überdenken und prüfen, ob das Wasser ablaufen kann.
Blätter verfärben sich gelb mit braunen/ schwarzen Flecken	Augenfleckenkrankheit, häufigste Pilzerkrankung	Sehr gute Fungizide im Handel erhältlich.
Blätter haben einen dunklen Belag und fallen dann ab	Schwärzepilze oder Rußschimmel – kommt auch gerne bei Zitronen vor	Auf einen gut belüfteten Standort des Baumes achten und evtl. mit Fungiziden arbeiten.
Blätter hängen und fallen im schlimmsten Fall ab	Meistens ist ein falscher Standort die Ursache (falsche Überwinterung): zu dunkel, zu trocken oder zu nass, oder auch Nährstoffmangel	Standortwechsel und auf jeden Fall hell überwintern. Ein geringer Blattverlust an Olivenbäumen ist jedoch normal.
Blätter rollen sich ein und vertrocknen	Hier handelt es sich wahrscheinlich um einen „Schlauchpilz", der den Baum von innen befällt und die Wasserzufuhr unterbricht.	Es gibt so gut wie keine Heilung für den Baum. Vertrocknete Äste entfernen und ggf. vorbeugend mit Kupferfungizid behandeln.
Dicke Wucherungen an Ästen und Stamm	Es liegt eine bakterielle Erkrankung vor, der Olivenbaumkrebs. Dieser entsteht oft, wenn in den Stamm Bakterien eindringen. Ursache sind häufig Frostschäden im Winter.	Stamm im Winter vorbeugend gut schützen. Auf Transportschäden achten, auch ein Standortwechsel kann helfen. Dreimal im Jahr mit Kupferfungizid behandeln.
Wurzelfäule – leider erst sehr spät sichtbar	Zu nasser Standort, das Wasser kann nicht ablaufen.	Frische, trockene Erde und auf guten Ablauf achten. Im Freiland ggf. Erde mit Kieseln vermengen.
Runzelige Oliven, die sich nicht ausbilden bzw. richtig wachsen	Evtl. handelt es sich um Olivenlepra, welche die Oliven faulen lässt.	Auch hier ist der Einsatz einer Wasser-Kupfermischung ratsam.
Schwarze, erhabene Flecken auf der Rinde	„Massaria" entsteht, wie die meisten Pilzerkrankungen, durch zu viel Feuchtigkeit.	Standortwechsel und ebenfalls die Behandlung mit einem Wasser-Kupfergemisch oder gängigen Fungiziden.

1

1. Hier könnte ein Licht- oder auch Nährstoffmangel der Auslöser sein.

2. Gut sichtbar: eine Pilzerkrankung.

2

FRAGEN, DIE EUCH AM MEISTEN BEWEGEN

Über die Jahre habe ich viele Fragen von euch gesammelt und das hat mich dann auch dazu bewogen, all meine Erfahrung in diesem Buch zusammenzuschreiben. Hier die wichtigsten, kurz und knapp, auf einen Blick.

FRAGE	ANTWORT
Warum verliert mein Olivenbaum alle Blätter?	Meistens erhalte ich diese Frage kurz vorm Auswintern. Wenn ich dann nachfrage, wie der Baum überwintert wurde, bekomme ich fast immer – das weiß ich mittlerweile schon vorher – die Antworten: im Keller, in der Garage oder im Haus. Aber! Ein Olivenbaum gehört nicht ins Haus – nie, never, unter keinen Umständen! Immer gut geschützt draußen oder in einem unbeheizten Wintergarten aufstellen, siehe Kapitel Winter auf den Seiten 58 bis 61.
Warum hat meine Olive gelbe Blätter, schwarze Flecken und verliert teilweise sogar die Blätter?	Ein Klassiker: die Augenfleckenkrankheit Die Frage kommt sehr häufig Ende Mai/Anfang Juni. Siehe Krankheiten auf Seite 70.
Die Blätter meines Baumes sehen trocken aus und fallen ab. Was kann ich tun?	Auf Nachfrage, wie oft der Baum gegossen wird, erhalte ich häufig die Antwort: „Gar nicht oder sehr selten, ein Olivenbaum benötigt doch gar kein Wasser!" Selbstverständlich benötigt der Baum/Strauch Wasser. Er kommt zwar mit Hitzeperioden besser klar als eine Hortensie, ist aber keine Wüstenpflanze und benötigt daher auch Wasser – und davon im Kübel in den Sommermonaten nicht wenig.
Mein Baum hat angefressene Blätter, was ist das für ein Schädling?	Meist benötige ich hier kaum noch ein Foto, um zu wissen, dass sich hier mein über alles geliebter Feind, der Dickmaulrüssler breitgemacht hat. In 95 Prozent der Fälle ist er es tatsächlich – er hat wohl den Geschmack der Olive für sich erkannt. Sein Buchtenfraß ist markant und nicht zu übersehen, siehe Seite 66.
Wie oft düngst du deinen Baum? Muss ich meinen Baum düngen?	Ja, auf alle Fälle! Die Bäume in den Töpfen unbedingt. Wie bei jeder anderen Topfpflanze auch, stehen die Nährstoffe nicht unbegrenzt zur Verfügung, irgendwann sind sie aufgebraucht. Deshalb dünge ich im Sommer ab April bis September alle ein bis zwei Wochen, ab Oktober an frostfreien Tagen alle sechs Wochen.

1. Mein „bester“ Freund der Dickmaulrüssler. Keinen Schädling bei mir im Garten fürchte ich so wie diesen.

2. Klarer Fall von Licht-Nährstoffmangel.

1

2

FRAGE	ANTWORT
Wie oft gießt du deine Bäume?	Diese Frage kann man auf keinen Fall pauschal beantworten, denn das richtet sich immer nach dem Standort des jeweiligen Baumes und nach der Größe des Topfes. Es ist schon oft vorgekommen, dass es im Raum Berlin wochenlang nicht geregnet hat und bei uns in Bayern fast täglich – selbstverständlich muss ich dann in Bayern nicht gießen, Baumbesitzer in Berlin aber auf alle Fälle. Zudem hängt es davon ab, ob man einen eher windigen oder geschützten Standort hat. Der Wind trocknet zusätzlich aus, wohingegen an einem windstillen Platz sich das Wasser länger hält im Topf. Daher habe ich immer meinen Feuchtigkeitsmesser im Einsatz, dann weiß ich genau Bescheid.
Im Gartencenter/Baumarkt wurde mir gesagt, dass man den Olivenbaum immer ein- und umpflanzen kann! Was ist deine Erfahrung?	Jein! Auch wenn es sich hierbei um eine Containerware handelt, ist es ein mediterraner Baum, der bei uns nicht ansässig ist und sehr, sehr langsam wächst. Daher kein guter Tipp – und die Frage bekomme ich wirklich oft.
Kann ich den Olivenbaum im Winter ins Bad stellen, er sieht so toll dort aus?	Nein, auf gar keinen Fall – die Frage zum Bad, oder auch Wohnzimmer, kommt sehr häufig. Wenn man das macht, sind Blattverlust und Schädlinge vorprogrammiert.
Ich habe weiße Wolle an meinem Baum, was ist das?	Selbstverständlich lasse ich mir immer Fotos vorab zukommen, bevor ich irgendeine Diagnose stelle. Aber selbst über Fotos ist es oft schwierig, wenn man den genauen Standort und die Pflege nicht kennt. Aber fast immer handelt es sich hierbei um Wollläuse, siehe Kapitel Schädlinge auf Seite 66.
Ich habe weiße, dicke Raupen in meiner Erde gefunden, was ist das?	In den meisten Fällen handelt es sich um Rosenkäfer-Engerlinge, also um das Raupenstadium des Käfers. Die Raupen sind zwar sehr gefräßig, was in geringer Anzahl aber nicht schädlich ist, denn sie ernähren sich von abgestorbenen Wurzelteilen. In hoher Anzahl gehen die Raupen aber auch mal an die guten Wurzeln und der Baum kann somit kein Wasser mehr aufnehmen. Siehe auch Seite 69.
Wann schneidest du deinen Baum? Wie viel darf ich wegschneiden?	Es gibt zwei Arten des Schnitts: der eine erfolgt im zeitigen Frühling, um Wachstum und Neuaustrieb anzuregen, der späte Rückschnitt im Herbst. Genaues findet ihr bei den Jahreszeiten auf den Seiten 50 bis 51, 56.
Mein Olivenbaum hat so viele weiße kleine Blätter und alle liegen am Boden. Was ist da los?	Ja, und das ist auch gut so! Es sind die Blüten vom Baum, die abfallen, wenn sich die Früchte bilden. Also je mehr Blüten man hat, desto mehr Oliven bekommt man.

1

WAS IST DAS DENN?

1. Viele, viele Blütenblätter fallen ab und ergeben natürlich kein so schönes Bild am Boden, aber es ist ein Anzeichen, dass der Baum viele Früchte tragen wird.

2. Engerling vom Rosenkäfer.

2

ERNTE & VERWENDUNG

Olivenernte

Im Zuge meiner Faszination für den Olivenbaum habe ich sehr viele Prozesse durchlaufen und mir vieles angesehen. So durfte ich auch bei der Olivenernte von „Ager Oliva" in der Toskana dabei sein – von der am Baum hängenden Olive bis hin zum fertigen Öl.

1

EXKURS: AGER OLIVA

Das 2021 gegründete Startup hat sich zum Ziel gesetzt, das verlassene, heute zunehmend gefährdete Olivenerbe an den Hängen der Toskana wiederherzustellen und die weltweit größte Gemeinschaft von Liebhabern nachhaltigen Olivenöls zu schaffen. Das toskanische Startup hat daher eine ebenso innovative wie effektive Lösung auf den Markt gebracht: Dank der Möglichkeit, entweder einen einzelnen Olivenbaum oder ein ganzes Feld zu adoptieren, ist es dem Unternehmen gelungen, verlassenes Land zu retten, produktive Olivenhaine wiederherzustellen und die Produktion von toskanischem nativem Olivenöl „extra" zu steigern. Ager Oliva wurde von Tommaso Dami, Ana Soto und Cosimo Lunetti gegründet und hat es geschafft, sich in nur wenigen Jahren durch die Effektivität seines Geschäfts hervorzuheben. Heute ist es das einzige in Italien tätige Climate-Tech-Unternehmen, das sich für die Erhaltung jahrhundertealter Biodiversität und den Ausgleich von CO_2-Emissionen einsetzt. Mittlerweile stehe ich mit Tommaso in sehr engem Austausch, gerade wenn es um Krankheiten, Schädlinge etc. bei den Bäumen geht.

OLIVENERNTE

Mein Mann, unser Sohn und ich sind zur Olivenernte in Pistoia gewesen und durften dieser tollen Arbeit und diesem Land beiwohnen.
Am frühen Morgen ging es gleich rauf zu den verlassenen Hügeln in der Toskana, die Helfer waren schon fleißig im Einsatz – die Erntezeit ist immer von Mitte/Ende Oktober bis Anfang November. Das Klima für Olivenbäume um die Region Pistoia ist übrigens besonders gut, hier findet man auch unzählige Baumschulen, die mediterrane Pflanzen anbieten bzw. für den Export züchten. Pistoia ist zwar eine der regenreichsten Städte Europas (wir mussten unsere Reise tatsächlich zweimal verschieben, weil aufgrund des vielen Regens nicht gearbeitet werden konnte), aber es gibt dort ebenso viel Sonne und

Ich bin voller Stolz, dass ich 2022 von Tommaso angeschrieben wurde, ob ich gerne Markenbotschafterin für Deutschland sein möchte – weil sie mein Wissen und meine Arbeit sehr schätzen, wenn es um Olivenbäume geht. Das hat mich natürlich sehr geehrt.

Wärme – somit ein Traum für jeden Olivenbaum.
Es war ein wirklich beeindruckender Moment auf diese vielen Bäume zu schauen, so dass wir drei gleichmal einen Baum für uns adoptiert haben. Danach ging es an die Ernte und ich durfte mit dem Schüttelgerät die Oliven von den Bäumen holen.
Die Oliven fallen komplett mit Blättern auf die Netze, von dort kommen sie zur Zwischenlagerung in luftdurchlässige Kunststoffcontainer, um darin zur Mühle transportiert zu werden. Je kürzer die Oliven in den Containern liegen, umso besser ist deren Verarbeitung – das ist wiederum ausschlaggebend für die Qualität des Öls.

In der Mühle

Am nächsten Morgen sind wir mit Tommaso und seiner Frau Ana in die Mühle gefahren. Fern ab, mitten in der Toskana und fast schon kitschig, stand sie da.
Für die Weiterverarbeitung kommen die Oliven in die Mühle (siehe Bild). In dieser Maschine werden sie auch von den Blättern und Kernen getrennt. Zum Schluss kommt das völlig reine und mehr als gesunde Öl direkt aus der Presse.
Kalt gepresstes Olivenöl ist übrigens das beste und gesündeste, was es gibt, quasi Superfood! Der Duft, während das native Öl kalt gepresst wird, ist unvorstellbar und ich werde nie ihn vergessen! Olivenernte im eigenen Garten, siehe Seite 56.

1. Hier durfte ich selbst Hand anlegen.

2. Frisch geerntete Oliven.

3. Direkt vom Baum in die Presse.

Öl, Paste und Gin

Der Olivenbaum hat neben seinem Anblick noch so viel mehr zu bieten. Wusstest du, dass es Tee aus Olivenblättern gibt, oder wie gesund eigentlich Olivenöl ist? Wie schnell und einfach du eigene Oliven einlegen kannst? Das verrate ich dir auf den nächsten Seiten.

OLIVENÖL

Ich durfte in der Toskana selbst miterleben, wie Olivenöl gewonnen wird. Dieses tolle flüssige Gold hat viel mehr zu bieten, als „nur" Grundlage für das Salatdressing zu sein. Hast du schon mal was von Oleocanthal gehört? Oleo = Öl, canth = Stich, al = Aldehyd.
Dies ist der Wirkstoff, der erstmals im Olivenöl von Gary Beauchamp 1999 auf Sizilien entdeckt wurde. Er nahm dort an einer Konferenz über Molekulargastronomie teil. Den Teilnehmern wurde zu Beginn der Konferenz ein Miniglas mit frischem, extra nativem Olivenöl gereicht. Nachdem die Teilnehmer es getrunken haben, mussten sich sofort alle räuspern oder leicht husten. Das lag am ziemlich scharfen und bitteren Stoff, dem Oleocanthal. Man sagt ja auch, dass je bitterer ein Lebensmittel ist, es umso gesünder ist. Gary Beauchamp musste sofort an den Stoff „Ibuprofen" denken, den er seit Jahren erforschte. Denn auch Ibuprofen weist genau dieses Verhalten, in flüssiger Form, bei Menschen auf. Er nahm sich daher der Zusammensetzung des Olivenöls an und fand heraus, dass Olivenöl dieselbe, aber auf natürlicher Basis, entzündungshemmende Wirkung wie eben Ibuprofen hat und gleichzeitig noch antioxidativ wirkt.
Aber keine Angst, die Konzentration des Oleocanthals im Olivenöl ist relativ gering und hat daher bei mäßigem Verzehr keine negativen Auswirkungen. So entsprechen beispielsweise 50 g natives Olivenöl am Tag ungefähr 9 mg Oleocanthal, was im Vergleich zu Ibuprofen bei 10 % der für Erwachsene empfohlenen Dosis bei Schmerzen ist – wie in einschlägiger Literatur nachzulesen ist.
Das Vorhandensein von Oleocanthal im nativen Olivenöl extra trägt zu seiner Bitterkeit bei und äußert sich u. a. in einem brennenden Gefühl im Rachen (nicht im Hals, nicht im Mund). Aktuell laufen noch sehr viele Studien zu Oleocanthal in Richtung Alzheimer, Arthrose sowie Krebs. Und man weiß mittlerweile auch, dass die mediterrane Küche mit seinem Olivenöl zu den gesündesten der Welt gehört – ich habe mich mit sehr vielen Italienern unterhalten, die mir alle unisono erzählt haben, dass sie morgens jeweils einen Esslöffel extra natives Olivenöl zu sich nehmen, ich übrigens auch! Wichtig ist allerdings, dass man ein wirklich gutes und gering säurehaltiges Produkt zu sich nimmt. Es gibt hier sehr große Unterschiede.

Klassifizierung der Öle

Drei Olivenöl-Güteklassen kann man im Handel finden. Die höchste Güteklasse „natives Olivenöl extra", gefolgt von „nativem Olivenöl" und „Olivenöl".
Tatsächlich ist die minderwertigste Klasse „Olivenöl" im Volksmund am meisten verbreitet. Jeder spricht lediglich von Olivenöl, ganz egal, ob er minderwertiges oder hochwertiges Öl meint – das ist sehr schade, wie ich finde.

– Natives Olivenöl extra Kategorie 1 Höchste Güteklasse von Olivenöl. Buchstäblich handelt es sich um ein naturbelassenes (nativ) Olivenöl von besonders hoher Qualität (extra). Das Öl wird ausschließlich mit mechanischen Verfahren ohne Wärmeeinwirkung (Kaltpressung <40 °C) gewonnen. Der Säuregehalt darf maximal 0,8 % betragen. Der Geschmack muss einwandfrei sein!

– Natives Olivenöl Kategorie 2 Das Öl wird ebenso wie in Kategorie 1 gewonnen, allerdings darf der Säuregehalt bis zu 2 % betragen und es darf im Gegensatz zu Kategorie 1 leichte geschmackliche Fehler aufweisen.

– Lampantöl Ein natives Öl mit einem Säuregehalt von über 2 %, dem man deutliche Fehler im Geschmack und Geruch anmerkt. Es muss daher raffiniert werden, bevor es verzehrt werden darf. Für Konsumenten ist es in diesem Zustand nicht geeignet. Früher wurde es für Öllampen verwendet und hat daher seinen Namen.

– Interessant ist vielleicht hier noch die Kategorie 5 „Olivenöl" Hiermit sind raffinierte Öle, die unter dem Einfluss von Hitze und Chemikalien gewonnen werden, gemeint.
Übrigens, den Säuregehalt eines Olivenöls kann man nicht schmecken, sondern nur durch eine Laboruntersuchung nachweisen.

1

2

1. Ein toller Moment, wenn das „flüssige Gold" aus der Presse kommt.

2. Die kräftige grüne Farbe zeigt, wie rein und gut das Öl ist.

Kalter Olivenschaum, eine leckere Vorspeise.

KALTER OLIVENSCHAUM

Zutaten für 5 Personen
- 1 Schalotte
- 5 Thymianzweige
- 400 ml Geflügelbrühe, oder Gemüsebrühe für die vegane Variante
- 200 ml Sahne, oder vegane Sahne
- ca. 120 ml Olivenöl – ich habe natürlich meines verwendet, ein hoher Anteil an Oleocanthal ist hier wichtig, weil es dadurch würziger schmeckt
- Prise Salz
- 2,5 EL Speisestärke
- Prise Gelatine

Die Schalotten schneiden, Thymianästchen entblättern und beides in einem Topf mit etwas Olivenöl glasig anschwitzen. Danach mit Geflügelbrühe ablöschen und die Brühe bis auf die Hälfte einreduzieren lassen. Jetzt mit Sahne aufgießen, verrühren und das Olivenöl dazugeben. Die Zwiebeln und den Thymian in einem Sieb abgießen und anschließend Speisestärke einrühren. Eine kleine Prise Gelatine (vegan) hinzugeben und aufkochen, bis es eine cremige Masse wird. Erkalten lassen. Danach in einen Siphon geben (ich nehme dafür 2 Patronen, damit es durch das Öl auch eine gute Konsistenz bekommt), schütteln und den Schaum kalt sprühen.

OLIVEN EINLEGEN – SO EINFACH GEHT'S

Oft erzählen mir Follower, sie hätten mal eine Olive probiert und sie sofort wieder ausgespuckt, weil sie so bitter und ungenießbar ist. Das liegt an den sehr starken Bitterstoffen,

die Olivenfrüchte enthalten. Erst durch das Einlegen in Salzlake können diese der Frucht entzogen werden.
Auch hier bin ich eher pragmatisch und kaufe mir gute Bio-Oliven, wenn ich wirklich welche essen mag, denn das Einlegen dauerte eine Weile. Aber versuchen sollte man es trotzdem, wenn man die Muße hat.

Grundrezept

1. Oliven waschen und gut abtropfen lassen. Danach mit einem Fleischklopfer leicht beklopfen, so dass sie leicht aufspringen, oder mit einem Messer leicht einritzen. Die Oliven verlieren so schneller ihre Bitterstoffe.
2. Egal, welche Farbe die Oliven haben, frische Oliven sind immer sehr bitter. Daher musst du sie in einer Schüssel mit ausreichend Wasser gut wässern, Dauer ca. 10 Tage. Wenn du die Oliven vorher nicht angeschlagen hast, brauchen sie ca. 4 Wochen. Wichtig ist hier, dass das Wasser möglichst oft gewechselt wird, damit die Bitterstoffe gut ausgeschwemmt werden.
3. Wenn die Oliven gut gewässert sind, wieder gut abtropfen lassen und danach in einen Tontopf oder in ein Glas (dunkel) füllen.
4. Dann 2 Liter Wasser mit 140 g Meersalz und 2 TL Zitronensäure (Supermarkt oder Apotheke) aufkochen und erkalten lassen.
5. Die Wasserlösung über die Oliven gießen, so dass sie gut bedeckt sind. Am besten stellst du einen kleinen Teller auf die Oliven zum Beschweren.
6. Jetzt sollten die Oliven mindestens 2 bis 3 Wochen in der Lake ziehen. Danach sind sie genießbar.

Aperitivo „Gin Tonic alla Olive" für 5 Personen.
Dazu brauchst du 10 kernfreie Oliven, 5 kleine Rosmarinzweige, 2 cl Gin, 6 cl Tonic Water. Jeweils zwei Oliven und einen Zweig Rosmarin in den Eiswürfelbehälter geben – ich habe große Würfel verwendet.

Dekorativer Olivenbaum

Der Olivenbaum ist ein absoluter Hingucker in jedem Garten oder auf dem Balkon. Dennoch kann man kleine Bäume toll zur Tischdeko verwenden. Oder die abgeschnittenen Zweige in eine Vase stellen, Laternen dekorieren ...

1

2

1. Kleine Olivensetzlinge mit Moos umwickeln.

2. Ich habe die umwickelten Bäumchen in eine Baumrinde platziert.

3. Noch ein paar Frühlingsblüher wie Hyazinthen oder Narzissen dazu, und du hast eine frühlingshafte Tischdeko.

3

4. Äste vom Rückschnitt sind wunderschön in einer Vase.

5. Kleine Mini-Olivenbäume für eine sommerliche Tafel.

6. Eine herbstliche Tischdeko mit Bäumchen perfekt in Szene gesetzt.

4

5

6

Zum Herbst stelle ich meine Olivenbäume zum „Gruppenkuscheln“ geschützt unter den Balkon.

1. „Hans" wurde zum Gruseln der Nachbarskinder an Halloween an die Olive gesetzt und mit Leuchtspinnen dekoriert.

2. Stimmungsvolle Terrasse mit Solarkugeln im Olivenbaum.

3. Weihnachtsdeko für den eingepflanzten Baum im Garten.

1

2

3

Der Kreativität mit den tollen Zweigen sind so gut wie keine Grenzen gesetzt, vor allem, weil die Zweige sogar in eingetrocknetem Zustand noch top aussehen. Auch kann man die Bäume selbst sehr schön dekorieren, zum Beispiel mit Lichtspielen.

Widmung & Dank

Wichtig ist mir auch bei diesem Buch wieder, meine Danksagung an die Menschen, die mich unterstützt haben oder mir mit Rat und Tat zur Seite standen.

Als allererstes möchte ich meinem Mann Tobias danken, ohne ihn hätte ich wahrscheinlich gar kein Buch mehr geschrieben. Er war aber der festen Überzeugung, dass ich das Olivenbuch auf Fälle machen soll, weil er immer an mich glaubt. Dafür bin ich ihm sehr dankbar. Er hat das Titelfoto und die Fotos auf unseren „Lehrreisen“ gemacht – wirklich wunderschön, finde ich. Unserem Sohn Ferdinand gilt ein großes Dankeschön. Auch ihm möchte ich wieder dieses Buch widmen. Er und Tobi sind mit mir in unwegsamem Gelände bei fast 40 °C Hitze gelaufen, um ganz besondere Bäume und ihre Geschichte zu erkunden – und das ohne zu fragen „Wann fahren wir wieder?“, oder „Wie lange dauert es noch?“. Das war wirklich sehr schön – ich liebe euch!

Meiner Freundin Bianca möchte ich danken, denn ohne sie und ihren Mann Roland hätte ich einige Oliventräume nicht umsetzen können. Sie teilt die große Leidenschaft der Bäume mit mir und ist immer für mich da. Meiner Familie auf Mallorca danke ich, dass ich mich bei den fast 150 Bäumen auf der Finca immer austoben und probieren kann. Auch für die Vermittlung dreier absoluter Experten, Olympia, Bruno und Daniele, in Sachen Olivenbaum bin ich sehr dankbar. Sie sind mir mit Fragen zu den spanischen Olivenbäumen wie Wuchs, Schnitt, Erkrankungen und Schädlingen absolut hilfreich gewesen. Auch was die verschiedenen Sorten angeht, konnte ich viel über die Bäume erfahren.
Unseren Freunden Tommaso und Ana von der Ager Oliva in Pistoia gilt ein besonderer Dank. Zum einen, weil ich immer Fotos schicken kann, wenn ich mal nicht weiterweiß oder mir unsicher bin. Und zum anderen, weil sie uns so herzlich empfangen haben und wir von der Ernte bis zur Pressung alles hautnah miterleben

Familienbaum auf Mallorca

durften – Grazie Mille!
Aniello – er hat mir das Foto von seinen Bäumen in Süditalien extra gemacht. Auch möchte ich mich bei meinen lieben Followern Tanja, Kimberly, Dasá, Dagmar, Antonia, Theresa, Susanne, Angi und Karin bedanken, dass sie mir ihre Fotos zur Verfügung gestellt haben – ihr seid spitze!

Ihr seht also, hinter einem Buch stehen oftmals viele liebe Menschen, ohne die sowas gar nicht realisierbar wäre, einfach weil sie da sind und unterstützen. Mein Grundverständnis und Wissen über Olivenbäume ist über viele Jahre gewachsen und so viel mehr, also nur kurz ein Schlagwort in eine Suchmaschine einzugeben. Ich habe versucht, meine Erfahrungen und mein Herzblut in diesem Buch mit euch zu teilen und euch zu vermitteln. Dennoch ist es jetzt an euch, das alles umzusetzen und euren Traum vom eigenen Olivenbaum zu genießen, denn die Bäume zu genießen ist das SCHÖNSTE!

Eure Tina

1

2

1. Tobias und Bianca

2. Tommaso und Ana

3. Bestes Team: Bianca und Tina

4. Essen bei Tommaso

3

4

REGISTER

Fette Zahlen verweisen auf Abbildungen.

BILDNACHWEIS

Mit 107 Farbfotos von Tina Ullmann.

Weitere 15 Fotos von: mauritius images/FV Photography/Alamy Stock Photos Seite 22; Susanne Brunner: S. 68 ore; Aniello de Cocinis: S. 15 li, S. 67; Theresa Csoka: S. 3, S. 39; Tanja Köllisch: S. 67 li, S. 72, 75 o, 77 u; Antonia Maric: S. 67 re; Bianca Pfäffl: S. 61 beide, S. 91 uli; Kimberly Romeiko: S. 71 li; Dagmar Schulz: S. 28 li.
Und eine Illustration (Olivenzweig) von Adobe Stock/Dyukareva Olga.

IMPRESSUM

Umschlaggestaltung von Claudia Eder, Konzept und Gestaltung, Pocking.
Alle Fotos von Tina Ullmann.

Unser gesamtes Programm finden Sie unter **kosmos.de**.
Über Neuigkeiten informieren Sie regelmäßig unsere Newsletter, einfach anmelden unter **kosmos.de/newsletter**

Gedruckt auf chlorfrei gebleichtem Papier.

Alle Angaben in diesem Buch sind sorgfältig geprüft und geben den neuesten Wissensstand bei der Veröffentlichung wieder. Da sich das Wissen aber laufend in rascher Folge weiterentwickelt und vergrößert, muss jeder Anwender prüfen, ob die Angaben nicht durch neuere Erkenntnisse überholt sind. Dazu muss er zum Beispiel Beipackzettel zu Dünge-, Pflanzenschutz- bzw. Pflanzenpflegemitteln lesen und genau befolgen sowie Gebrauchsanweisungen und Gesetze beachten.
Die Blütenfarben sind sortenabhängig, daher können auch Farben auf dem Markt sein, die im Buch nicht genannt werden. Die Blütezeiten sind ebenfalls sortenabhängig, aber auch klima- und standortabhängig. Die angegebenen Wuchshöhen und -breiten der Pflanzen sind Mittelwerte. Sie können je nach Nährstoffgehalt des Bodens variieren. Verschiedene Sorten können deutlich größer oder auch kleiner wachsen als die Art.

ISBN 978-3-440-18286-4
Projektleitung: Birgit Grimm
Redaktion: Birgit Grimm
Gestaltungskonzept: GRAMISCI Editorialdesign, München
Gestaltung und Satz: Claudia Adam Graphik-Design, Bad Kreuznach
Produktion: Klaus Jost
Druck und Bindung: Westermann Druck Zwickau GmbH, Zwickau
Printed in Germany/Imprimé en Allemagne

FSC
www.fsc.org
MIX
Papier | Fördert gute Waldnutzung
FSC® C110508

BEZUGSQUELLEN/HERSTELLERNACHWEIS

Schädlingsmittel gegen saugende Insekten wie Blattläuse, Schildläuse, Thripse, Spinnmilben etc.:

COMPO Grün- und Blühpflanzen Schädlings-frei AF
→ „Bienenfreundlich“ oder aber auch Schädlings-frei plus.

Gegen saugende und beißende Insekten wie Blattläuse, Käfer und Raupen:

Bi 58® Spray von COMPO
→ Hierbei handelt es sich um ein Kontakt- und Fraßinsektizid und muss strikt nach Herstellerangaben verwendet werden. Dieses Mittel sollte dann angewendet werden, wenn gar nichts mehr hilft. Es ist auch nicht „bienenfreundlich“ und darf daher nicht auf blühende oder von Bienen beflogenen Pflanzen ausgebracht werden.

Gegen Pilze aller Art in „leichter bis mittelschwerer“ Ausführung kann ich sehr gut empfehlen:

Duaxo Universal Pilz-frei

COMPO Bio Grundstoff Lecithin AF
(für den leichten Befall)

Bei stärkerem Pilzbefall hatte ich ja von einem Kupfer-Wassergemisch gesprochen. Hier kann man zum Beispiel anwenden:

LERAVA Kupferoxychlorid (biologisch)

Zur Messung der Bodenfeuchtigkeit:
XLUX lange Sonde für den tiefen Einsatz

Körbe:
www.drypotshop.de

Pflanzenerde
COMPO Mediterrane Pflanzerde, torffrei